新编钢铁等温热处理

[加拿大] 刘 澄 刘云旭 编著

机 械 工 业 出 版 社

本书内容丰富、理论实践相结合，介绍了多种机械行业中常用的钢铁类型和机械构件的等温热处理工艺详细步骤，并补充了等温热处理的新成果及其在工业实践应用中存在的问题。本书共8章，主要内容包括：绪论、钢铁的过冷奥氏体转变及显微组织、钢铁的等温退火、钢铁的等温正火、钢铁的等温淬火、钢铁的分级淬火、等温热处理使用的冷却介质、等温热处理后钢铁的力学性能。

本书可作为高等院校材料热处理及相关专业的教材，也可作为热处理行业技术人员的培训教材及参考书。

北京市版权局著作权合同登记　图字：01-2022-5739号。

图书在版编目（CIP）数据

新编钢铁等温热处理/（加）刘澄，刘云旭编著. —北京：机械工业出版社，2023.12（2024.8重印）
ISBN 978-7-111-74133-6

Ⅰ.①新…　Ⅱ.①刘…②刘…　Ⅲ.①钢-等温-热处理②铁-等温-热处理　Ⅳ.①TG161

中国国家版本馆CIP数据核字（2023）第201861号

机械工业出版社（北京市百万庄大街22号　邮政编码100037）
策划编辑：王晓洁　　　　　　　责任编辑：王晓洁　章承林
责任校对：张亚楠　刘雅娜　　　封面设计：马若濛
责任印制：李　昂
北京捷迅佳彩印刷有限公司印刷
2024年8月第1版第2次印刷
184mm×260mm·8印张·195千字
标准书号：ISBN 978-7-111-74133-6
定价：50.00元

电话服务　　　　　　　　　　　网络服务
客服电话：010-88361066　　　机　工　官　网：www.cmpbook.com
　　　　　010-88379833　　　机　工　官　博：weibo.com/cmp1952
　　　　　010-68326294　　　金　书　网：www.golden-book.com
封底无防伪标均为盗版　　机工教育服务网：www.cmpedu.com

前　言

热处理是机械工业中一项十分重要的基础工艺，对提高机械产品的质量和延长使用寿命，有着非常重要的作用。而钢铁是机械工业中应用最广的材料，钢铁显微组织复杂，可以通过热处理予以控制，所以钢铁的热处理在金属热处理中占有重要的地位。

早在 1964 年，刘云旭先生就总结其热处理教学、科研和生产工作中的理论和经验，并将国外先进的等温热处理工艺的类型、特点和效果与我国当时的工业实际状况相结合，编写了《钢的等温热处理》一书。此书出版后广受读者好评，并在 1966 年和 1973 年多次重印，对我国钢铁等温热处理行业的发展起到了积极的推动作用。

近年来由于一些新材料和新技术的出现，以及对外技术交流的深入，我国的钢铁热处理技术又有了很大的进步。为了更好地推动完善等温热处理先进技术在我国的研究、开发和应用，促进创新中国热处理行业人才培养，刘澄女士总结整理了钢铁等温热处理技术国内外 50 余年的发展和应用实践，在原有《钢的等温热处理》的基础上，编写了《新编钢铁等温热处理》。

本书详略适当，重点突出。书中对于传统的常用热处理工艺只作一般介绍，对等温热处理工艺的主要种类以及所对应的热处理特点、工艺规范、步骤及应用效果进行了重点介绍，同时对等温热处理中的冷却介质，特别是工业实际生产中常用的冷却介质加以分析介绍，而且还对等温热处理后不同工件所获得的力学性能特点进行了详细介绍。从而使读者系统掌握理论及应用的相关知识，提高学习效率。

本书内容较为丰富，理论实践相统一。不仅介绍了钢铁的过冷奥氏体转变及显微组织，突出等温热处理在转变中的重要作用及主要原理，还介绍了多种机械行业中常用的钢铁类型和机械构件的等温热处理工艺详细步骤，并增添了创新等温热处理的发展成果及新工艺在工业实践应用中存在的问题，如奥贝球墨铸铁的等温淬火，超级贝氏体低温等温淬火，Q-P、Q-P-A 和 Q-P-T 热处理等。本书以为实际工业生产提供有效服务为原则，以为从事热处理行业的人员拓展创新理论为目标，以为培养青年热处理接班人的专业素养为抓手，通过大量的工艺举例和图表呈现，力求为广大读者提供知识丰富、视野广阔、前瞻性强、理实一体的阅读学习体验。

由于编者水平有限，书中难免存在不足，恳请广大读者批评指正。

编　者

目　录

第1章　绪　　论

钢铁材料之所以获得广泛应用，除了铁矿资源丰富、冶炼容易、成形性好、再利用性强和性价比高之外，主要原因是可通过热处理在很大范围内改变其综合性能。而且，随着热处理技术的发展，钢铁仍有很大的性能潜力有待进一步挖掘。因此，钢铁仍是 21 世纪的重要工程材料之一。

工业上用来改善钢铁性能最常用的热处理方法有退火、正火、淬火和回火。传统的热处理工艺都是将金属材料加热到某一温度，保温一定时间之后，在某些介质中冷却至室温。

1.1　退火工艺

退火是对碳含量较高的工具钢、合金钢件、铸铁件，加热到一定温度后保温，缓慢冷却，使其显微组织接近平衡状态，并消除残余应力，为后继加工处理工艺（切削、冷塑性变形成形和淬火等）的顺利进行做好准备。共析钢的完全退火工艺及相变状态如图 1-1 所示。可以看出，钢件缓冷（一般为随炉冷却），由加热温度（T_A）冷却至 A_1 时，处于奥氏体稳定区，对相变无孕育作用，属于无效冷却；在 A_1 以下温度冷却时，由于冷却时间的孕育作用在高温低于低温，

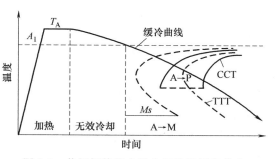

图 1-1　共析钢的完全退火工艺及相变状态

因而使相变向右下方移动，连续冷却转变（CCT）图与等温转变（TTT）图相比，移至右下方。再者，由于珠光体相变是在一定温度范围内完成的，因此最终形成的组织尺寸和性能不尽相同。加之，退火处理时装入钢件数量多，各部位的炉冷速度不同，易造成钢件退火后的显微组织形态不同、硬度不一，从而影响钢件的退火质量。

1.2　正火工艺

正火是钢件加热奥氏体化后，采用在空气中冷却的方法，使其获得正常的、比较稳定的珠光体转变产物。该工艺主要适用于中低碳钢及低碳低合金钢。正火的目标不尽相同，可以

作为切削加工和后继热处理的显微组织和性能做好准备的预先热处理，也可以作为钢件获得最终使用性能的最后热处理。由图 1-2 所示的合金渗碳钢锻件的正火工艺及相变状态可知，正火也具有退火的相变特性，而且由于冷却速度比退火快，相变右下移程度加大。若控制不当（如冷却稍快）可能会有非平衡组织（如贝氏体或马氏体）出现；若冷却稍慢，其硬度、强度过低，不利于后续钢件的切削加工。

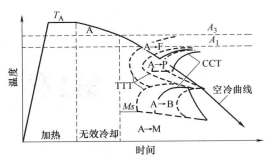

图 1-2　合金渗碳钢锻件的正火工艺及相变状态

1.3　淬火工艺

淬火是将钢件加热到奥氏体化后，以大于临界淬火速度的冷却速度进行冷却，使奥氏体发生马氏体转变，在室温下形成淬火马氏体加少量残留奥氏体。淬火后，钢件一般具有高的硬度、强度和耐磨性。碳素钢及合金钢均可进行淬火强化。从图 1-3 所示的钢件典型淬火工艺及相变状态可以看出，钢件奥氏体化后，必须快速冷却，避免在高温区域发生珠光体转变以及在中温区域发生贝氏体转变，实现在 Ms 点（马氏体转变开始温度）以下发生马氏体转变。对于碳素钢及低合金钢，在采用水（及其溶液）或油（及代油水基淬火剂）快速冷却过程中，钢件在各处的

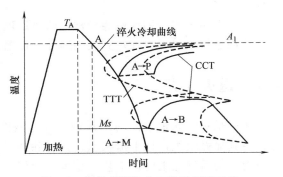

图 1-3　钢件典型淬火工艺及相变状态

温度会产生差异，发生马氏体转变的先后顺序不同，胀缩不一，从而引发了较大的内应力，易导致钢件变形和开裂。

在不同冷却介质、不同时间内，圆柱形钢件表面与心部温度变化情况如图 1-4 所示。图中 1 为钢件表面，2 为心部，ΔT 为转变的内外温度差，Ms 为马氏体转变开始温度，T_{pm} 为珠光体转变最大速度所对应的温度。可以看出，采用水冷或油冷淬火，马氏体转变时 ΔT

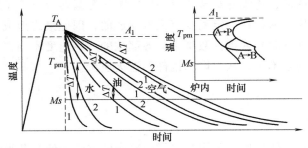

图 1-4　圆柱形钢件在不同冷却条件下内外层温度变化示意

1—钢件表面　2—心部

大, 产生内应力大, 引起开裂变形的倾向性大; 采用正火或退火时, 珠光体相变的 ΔT 小, 不致引起开裂和变形。然而, 因正火和退火两种工艺多为成堆冷却, 钢件表层与内部有温差产生, 尤其是正火时, 会造成各部位钢件相变温度不一, 最终导致显微组织和力学性能的不同。

1.4 回火工艺

回火是淬火钢件的后续工艺, 目的是消除马氏体脆性和残余应力、稳定尺寸并获得所要求的显微组织和力学性能。回火加热温度在 $160\sim650℃$ 之间, 保温后多为空冷。回火的加热温度较低、冷却较慢, 一般不会产生可导致钢件失效的工艺缺陷。

综上所述, 传统的热处理基本工艺存在的问题主要有: 退火和正火时间长, 而且存在着较长的无效冷却, 生产率较低; 钢件生产多在装料量大的周期作业炉中进行, 加热和冷却过程中的温度差异较大, 致使钢件相变先后不一, 从而导致其显微组织和力学性能差异, 降低产品质量。淬火则由于冷却速度快, 钢件产生的内应力较大。尽管技术操作人员对此已经足够重视, 但因淬火而产生的变形超差和开裂现象仍时有发生, 常常会出现一定数量的返修品、次品或废品, 造成生产的巨大浪费。因此, 防止钢件在淬火过程中发生变形超差和开裂, 已成为热处理工艺中最关键的问题之一。

1.5 等温工艺

等温热处理是在钢铁固态相变理论基础上提出的热处理工艺方法。采用等温正火和等温退火代替普通正火和普通退火, 即在奥氏体加热后迅速冷却至 A_1 以下某一温度等温保持, 使过冷奥氏体在恒温下发生珠光体转变, 这样既有效地减少了无效冷却时间, 又能使钢件获得一致的显微组织与力学性能, 从而大幅度提高产品质量。

等温热处理中, 普通的淬火工艺可以通过分级淬火和等温淬火两种方式来进行替代。

(1) 分级淬火 即将钢件迅速冷却至 Ms 点以上某一奥氏体稳定温区等温保持, 使其各处温度达到基本一致, 消除淬冷时产生的热应力, 然后在空气中冷却至室温。这种工艺可以使马氏体转变在较慢的冷却速度下形成, 因而产生的内应力很小, 既避免了开裂又减少了变形。

(2) 等温淬火 即将钢件迅速冷却至 Ms 点以上某一温度等温保持, 并在此温度下发生可满足技术要求的下贝氏体转变。在等温保持过程中, 既消除了钢件内外温差和热应力, 又在相变过程中消除了组织应力。因此, 钢件不会发生开裂, 变形很小, 而且还省去了淬火后的回火处理。

由于钢的成分不同、技术要求不同, 采用的等温热处理方法也有所不同。特别是近年来, 在可持续化发展已经成为全球共识的背景下, 随着固态相变理论的深入研究以及工艺技术的不断创新, 等温热处理工艺也应有所优化和进步, 为提高产品质量、降低生产成本及防止环境污染作出新的贡献。

第2章 钢铁的过冷奥氏体转变及显微组织

通过热处理可以改变材料的显微组织以获得所需要的性能。然而，以已经使用千年的钢铁材料为例，经这种工艺方法可获得的显微组织，除了铁素体、珠光体、贝氏体、马氏体、奥氏体及其性能之外，人们所知并不多，尤其对在等温条件下可能形成的显微组织及其性能，更缺乏系统地深入研讨和揭示。

2.1 钢的显微组织基本组成相——亚稳定 Fe-C 状态图

钢在使用条件下的显微组织，一般是由面心立方结构（fcc）的奥氏体（A）、体心立方结构（bcc）的铁素体（F）和复杂结构的碳化物［渗碳体（Fe_3C），本书中以 Cem 表示］组成。奥氏体常常作为母相，在冷却时转变为铁素体和碳化物。

（1）铁素体 由于铁素体形成的机理不同，可分为碳和铁原子扩散转变的块（网）状铁素体（F）、碳原子扩散而铁原子切变共格转变的针（条）状铁素体（$\vec{F}$）、无原子扩展只有切变共格转变的马氏体（M）。

（2）碳化物 碳化物可分为碳和铁原子扩散转变的粒（网）状渗碳体（Cem）以及碳原子扩散而铁原子切变共格转变的针（片）状渗碳体（$\overrightarrow{Cem}$）。

这六个相在不同温度下，具有各自独立的自由焓（吉布斯自由能）曲线，母相奥氏体转变为五个新生相的实际临界温度及组成的亚稳定 Fe-C 状态如图 2-1 所示。

图 2-1 中的各条相变线，既表示不同碳含量合金发生各种相变的上限温度，也表示不同温度下各相形成过程中与母相共存时的碳含量。图中 $T_{A\rightarrow F}$（A_3）线为 A→F 的上限温度线和 A 与 F 共存时 A 的碳含量线。$T_{A\rightarrow\vec{F}}$ 线为 A→$\vec{F}$ 的上限温度线和 A 与 $\vec{F}$ 共存时 A

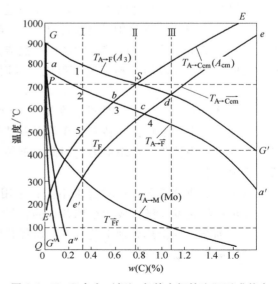

图 2-1 Fe-C 合金（钢）各基本相的实际形成状态

的碳含量线。$T_{A \to M}$（Mo）线为 A→M 的上限温度线和 A 与 M 共存时 A 的碳含量线。$T_{A \to Cem}$（A_{cm}）线为 A→Cem 时的上限温度线和 A 与 Cem 共存时 A 的碳含量线。$T_{A \to \overrightarrow{Cem}}$ 线为 A→$\overrightarrow{Cem}$ 时的上限温度线和 A 与 $\overrightarrow{Cem}$ 共存时 A 的碳含量线。GPG'' 线为 A 与 F 共存时 F 的碳含量线，aa'' 线为 A 与 $\overrightarrow{F}$ 共存时 $\overrightarrow{F}$ 的碳含量线。PQ 线为 F 与 Cem 共存时 F 的碳含量线。

根据新生相的形成机理，A→F 的下限温度应为碳原子能够扩散的最低温度，约为 450℃。A→$\overrightarrow{F}$ 的下限温度应为碳原子可以扩散的最低温度，约为 100℃。A→M 因是无扩散转变，其形成的下限温度很低，约为-100℃。

从图 2-1 中可以得出，在 GSE' 线以左及 450℃以上，能够发生 A→F 转变；在 abE' 线以左及 100℃以上，能够发生 A→$\overrightarrow{F}$ 转变。在 Mo 线以下及 100℃以上，能够发生 A→M 转变。在 ESG' 线以右及 450℃以上，能够发生 A→Cem 转变；在 edG' 线以右及 100℃以上，能够发生 A→$\overrightarrow{Cem}$ 转变。在 $E'SG'$ 线以下及 450℃以上，能够发生 A→F+Cem，即珠光体（P）转变。在 $E'ba'$ 线以下及 100℃以上，能够发生 A→($\overrightarrow{F}$+Cem)，即上贝氏体（B_U）转变；在 $e'ca'$ 线以下，能够发生 A→($\overrightarrow{F}$+$\overrightarrow{Cem}$)，即为下贝氏体（B_L）转变，其中的 $\overrightarrow{F}$ 为贝氏体铁素体（BF）。

对于低碳钢：在 GSE' 线以左区域发生 A→F 时，随着 F 析出，待转变 A 中的碳含量增高，当进入 $E'SG'$ 线以下，将发生 A→P 转变，最终显微组织为 F+P，此时，F 称为先共析铁素体，P（珠光体）中的 F 和 Cem 称为共析 F 和 Cem；进入 $E'ba'$ 线以下区域以后，将发生 A→B 转变，最终的显微组织为 F+B，此 F 称为先贝氏体铁素体；在 $E'ba$ 线以左区域发生 A→$\overrightarrow{F}$ 时，随着 $\overrightarrow{F}$ 的析出，待转变 A 的碳含量增高，当进入 $E'SG'$ 线以下，将发生 A→P 转变，最终显微组织为 $\overrightarrow{F}$+P，此 $\overrightarrow{F}$ 为先共析针状铁素体，即 α 魏氏组织（α-W）；进入 $E'ba'$ 线以下，将发生 A→B 转变，最终显微组织为 $\overrightarrow{F}$+B，此 $\overrightarrow{F}$ 为先贝氏体针状铁素体。

同理，高碳钢在 ESG' 线以右会发生 A→Cem 析出，在 edG' 线以右会发生 A→$\overrightarrow{Cem}$ 析出，最终的显微组织分别为 Cem+P 和 $\overrightarrow{Cem}$+P。前者 Cem 称为先共析渗碳体，后者 $\overrightarrow{Cem}$ 称为 Cem-W。Cem+B 和 $\overrightarrow{Cem}$+B 分别称为先贝氏体 Cem 和先贝氏体 $\overrightarrow{Cem}$。

钢中显微组织成相的性能，除了与其晶格类型有关之外，与其形貌、晶粒（亚晶体）大小和含量碳也有密切关系。游离铁素体（F）有块状和网状两种形貌，共析铁素体（PF）为层片状。它们的碳含量都很低，具有低强度和较高塑性。游离针状铁素体（$\overrightarrow{F}$）有三种形貌：高温（>600℃）下为粗针（片）状；中温（350~600℃）下为簇条状；低温（100~350℃）下为细针片状。粗针（片）状 $\overrightarrow{F}$ 形成后，因发生回火再结晶且碳含量很低，其性能与 F 相同。中低温形成的 $\overrightarrow{F}$，随着形成温度降低，晶粒（亚晶粒）细化，碳含量增高，其强度增高，塑性有所降低。在贝氏体中的 $\overrightarrow{F}$（BF）除了具有上述 $\overrightarrow{F}$ 特性之外，还与其相邻相的性状有关。当相邻相为 Cem 时，其碳含量低，强度较低；当相邻相为 A 或 A+M 时，碳含量较高，强度较高。

F 与 Cem 组成 P，其性能主要取决于片间距。随着片间距减小（F 片和 Cem 片变薄），强度增高。$\overrightarrow{F}$ 与 Cem 组成 B_U，随着形成温度降低，条状铁素体细化，断续条状 Cem 细化，强度增高。$\overrightarrow{F}$ 与 $\overrightarrow{Cem}$ 组成的 B_L，随着形成温度降低，针形减小，$\overrightarrow{Cem}$ 薄片细化，强度增高，韧性增大。F 与 A+M 还可以组成无碳化物贝氏体 B_{nc} 和粒状贝氏体 B_g，随着形成温度降低，$\overrightarrow{F}$ 与 A+M 条（岛）细化，强度增高，韧性增大。而 $\overrightarrow{F}$ 与残留奥氏体（A_R）在低温还可以形成纳米尺寸的超级贝氏体（B_{sup}），具有优异的强度和韧性。

还要指出，钢中形成的贝氏体类型，除了与形成温度有关外，还与钢（奥氏体）的化学成分有关。只有合金钢，尤其钢中含有 Ni、Si、Co 等非碳化物形成元素的前提下，钢中才易出现 B_{nc}、B_g 和 B_{sup}。

2.2 钢在等温条件下可获得的显微组织

钢的显微组织是由母相奥氏体（A）及其转变基本相 F、$\overrightarrow{F}$、Cem、$\overrightarrow{Cem}$、M 以及由（F+Cem）组成的珠光体（P）、由（$\overrightarrow{F}$+Cem）组成的 B_U、由（$\overrightarrow{F}$+$\overrightarrow{Cem}$）组成的 B_L、由（$\overrightarrow{F}$+M+A）组成的 B_{nc} 和 B_g、由（$\overrightarrow{F}$+A_R）组成的 B_{sup}，以及淬火马氏体（M）与未转变的残留奥氏体（A_R）的混合组织（M+A_R）组成。

奥氏体是碳及合金元素溶于面心立方结构 γ-Fe 中的固溶体。碳原子处于晶体的间隙之中，呈"填隙"状态；合金元素则取代铁原子处于晶格结点之上，呈"置代"状态。大多数工业用钢的奥氏体是高温相，只有当钢中含有一定数量其他元素（如 Ni、Mn、C、N等）时，才可能在室温下存在，其典型的显微组织如图 2-2 所示。奥氏体一般具有高的塑性、低的硬度和强度。高氮 $[w(N)>0.6\%]$奥氏体钢的强度较高，含某些合金元素的奥氏体钢还具有特殊的物理化学性能，如无磁性、耐磨性和腐蚀性等。

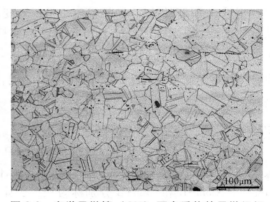

图 2-2 光学显微镜（OM）下奥氏体的显微组织

在大多数工业用钢中，奥氏体只是伴随马氏体和贝氏体存在，而且含量很少，对钢件性能影响不大。钢件的性能主要决定于高温奥氏体冷却的转变产物（显微组织）。

过冷奥氏体转变的基本相 F、$\overrightarrow{F}$、Cem、$\overrightarrow{Cem}$、M 很少单独存在，而是由其与其他相组成的组织存在。例如（F+Cem）组成的珠光体（P），其典型的显微组织如图 2-3 所示，从中可以看出，珠光体是一种由碳含量很低 $[w(C)<0.002\%]$ 的 F 与碳含量很高 $[w(C)=6.67\%]$ 的 Cem 所组成的混合物。在一般情况下，F 与 Cem 呈片状交替堆叠，称为片状珠光体（P）。也有时 Cem 以粒状分布于铁素体之中，称为球（粒）状珠光体或球化体。

珠光体随着形成温度降低（过冷度加大），F 与 Cem 片变薄，片间距离减小，相界面增多，即晶粒减小，晶界增多，位错密度增大，其强度和硬度增高，塑性减小。细片状珠光体又称为索氏体，极细片状珠光体又称为屈氏体。

过冷奥氏体在中温（100~600℃）区发生（$\overrightarrow{F}$+Cem）和（$\overrightarrow{F}$+$\overrightarrow{Cem}$）转变，前者转变产

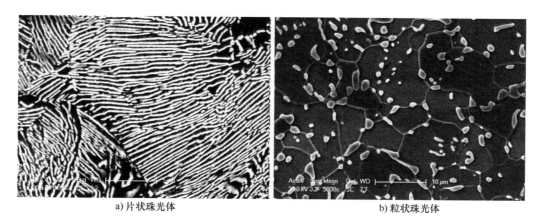

a) 片状珠光体　　　　　　　　　　　b) 粒状珠光体

图 2-3　钢中珠光体扫描电子显微镜（SEM）下的显微组织

物称为上贝氏体，如图 2-4a 所示；后者称为下贝氏体，如图 2-4b 所示。图 2-4 中的白亮区为未转变奥氏体形成的 $M+A_R$。因为是高碳钢，所以上贝氏体具有羽毛状特征，下贝氏体具有针（片）状特征。

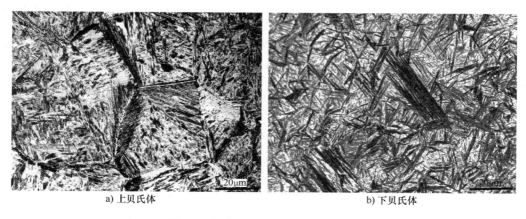

a) 上贝氏体　　　　　　　　　　　b) 下贝氏体

图 2-4　钢中贝氏体的 OM 显微组织

贝氏体的性能取决于两组成相中各相的体积分数，Cem、$\overrightarrow{Cem}$ 的弥散度（相界面）以及 $\overrightarrow{F}$ 的碳含量和晶粒（亚晶粒）大小。通常，随着形成温度的降低，F 中碳含量增高，晶粒（亚晶粒）细化，碳化物弥散度加大，强度和硬度增高，塑性减小。

过冷奥氏体冷至 Ms 点以下将发生马氏体转变。大多数工业用钢的马氏体转变属于变温转变，即随着转变温度降低，马氏体数量不断增多，但很难达到完全转变，有数量不等的残留奥氏体存在。而且，随着 Ms 点降低，室温下的 A_R 数量增多。在奥氏体成分均匀的情况下，工业用钢的淬火马氏体形态主要有两种类型，即板条状马氏体和针片状马氏体，如图 2-5 所示。在碳含量较低 [$w(C)<0.6\%$] 的钢中，形成的是板条状马氏体（图 2-5a）；在碳含量较高 [$w(C)>1.0\%$] 的钢中，形成的是针片状马氏体（图 2-5b）；$w(C)$ 在 $0.6\%\sim1.0\%$ 的钢中，形成的是板条状加针片状混合型马氏体。

马氏体的性能受碳的过饱和度影响。随着碳含量增高，强度和硬度增加，脆性增大，脆断强度降低。

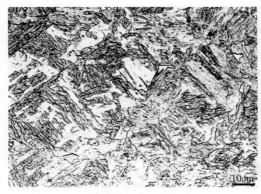 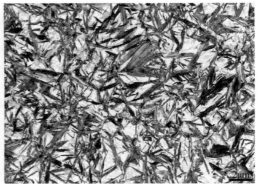

a) 低碳钢的板条状马氏体　　　　　　　　　　b) 高碳钢的针片状马氏体

图 2-5　马氏体的 OM 显微组织

实际上，钢的过冷奥氏体转变产物远比上述几种显微组织多样且复杂。基于过冷奥氏体转变的基本组织（F、$\vec{F}$、Cem、$\overrightarrow{Cem}$、M、P、B）都各自具有形成的热力学的条件和相变机理，因此在等温转变条件下，都具有各自的等温转变图。即相变有上、下限温度（转变开始和终了温度）和相变前具有孕育期，而且在上限温度到下限温度之间，随温度降低，孕育期先缩短后延长。由于碳素钢、低合金钢中马氏体转变速度较快，$10^{-5} \sim 10^{-3}$ s 即可完成一个晶粒的形成，其等温转变图常常显示不出。亚共析钢和过共析钢的过冷奥氏体等温转变图如图 2-6 所示。

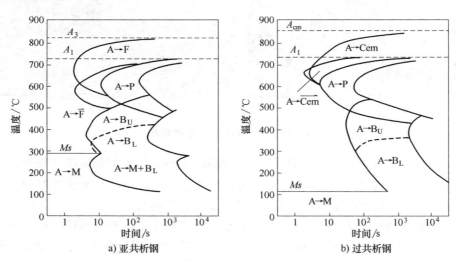

a) 亚共析钢　　　　　　　　　　b) 过共析钢

图 2-6　亚共析钢和过共析钢的过冷奥氏体等温转变图

图 2-6（分别对应图 2-1 中的 I、III 合金）为亚共析钢和过共析钢加热奥氏体化后，过冷奥氏体在等温转变条件下，可能发生的相变和可能获得的显微组织。如图 2-6a 所示，在 A_3 与 A_1 温度之间会发生 A→F+A$_{+C}$ 的转变，其中 A$_{+C}$ 为富碳的奥氏体，快冷至室温时的显微组织为 F+M+A$_R$，是 DP（双相）钢热处理工艺的一种，其显微组织如图 2-7 所示。在 A_1 与 600℃之间会发生 A→F+A$_{+C}$ 和 A$_{+C}$→P（F+Cem）的转变，冷却至室温下的显微组织为

F+P，如图 2-8a 所示。在 550～700℃ 之间，会
发生 A→$\vec{F}$+P 和 A→$\vec{F}$+F+P 的转变，室温下的
显微组织为 $\vec{F}$+P，即 α-W（图 2-8b）和 $\vec{F}$+F+
P 显微组织。在 450～550℃，会发生 A→$\vec{F}$+P+
B_U 的转变，室温下的显微组织为 $\vec{F}$+P+B_U。
在 400～450℃，会发生 A→B_U+P 的转变，室
温下的显微组织为 B_U+P。在 350～400℃，会
发生 A→B_U 的转变。由于 B_U 转变不完全，室
温下的显微组织为 B_U+少量的（M+A_R），如
图 2-9 所示。在 350℃ 与 Ms 点之间，会发生
A→B_L 的转变，室温下的显微组织为 B_L，如

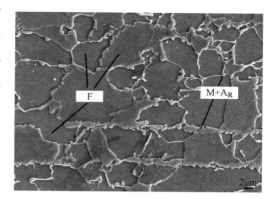

图 2-7　F+M+A_R 的 SEM 显微组织

图 2-10 所示。低碳钢中的 B_L 呈簇条状，碳化物呈细小片（粒）状分布在亚晶界上。在 Ms
点与 108℃ 之间，会发生 A→M+B_L 的转变。虽然 M 有促进贝氏体形成的作用，图中也出现
了"C"形，但这不是另一种相变。室温下的显微组织为回火马氏体（M′）+B_L 或 M′+B_L+
M+A_R。

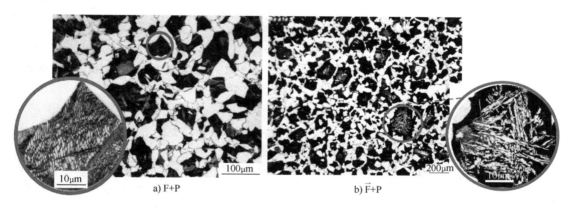

a）F+P　　　　　　　　　　　　　　　b）$\vec{F}$+P

图 2-8　亚共析钢中形成的 F+P 和 $\vec{F}$+P 的 OM 显微组织

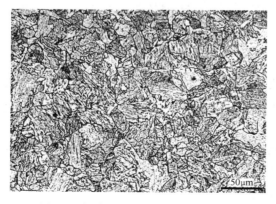

图 2-9　低碳钢中 B_U 的 OM 显微组织

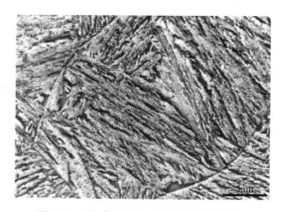

图 2-10　低碳钢中 B_L 的 SEM 显微组织

如图 2-6b 所示，在 A_{cm} 与 A_1 点温度之间，会发生 $A \rightarrow Cem + A_{-C}$ 的转变，快冷至室温后的显微组织为 $Cem + M + A_R$。在 A_1 点与 650℃ 之间，会发生 $A \rightarrow Cem + P$ 的转变，室温下的显微组织为 $Cem + P$，如图 2-11 所示。在 600~700℃，会发生 $A \rightarrow \overrightarrow{Cem} + P$ 的转变（即 α-W）；也可能会发生 $A \rightarrow Cem + \overrightarrow{Cem} + P$ 的转变，室温下的显微组织为 $Cem + \overrightarrow{Cem} + P$。在 500~600℃，会发生 $A \rightarrow P(F + Cem)$ 的转变，室温下的显微组织为 P。在 450~550℃，会发生 $A \rightarrow P + B_U$ 的转变，室温下的显微组织为 $P + B_U$，如图 2-12 所示。在 350~450℃，会发生 $A \rightarrow B_U$（$+A_{+C}$）的转变，室温下的显微组织为 B_U（$+A_R$）。在 350℃ 与 Ms 点之间，会发生 $A \rightarrow B_L$ 的转变，室温下的显微组织为 B_L，如图 2-13 所示。在 Ms 点以下，会发生 $A \rightarrow M$ 的转变，室温下的显微组织为 $M + A_R$，如图 2-14 所示。

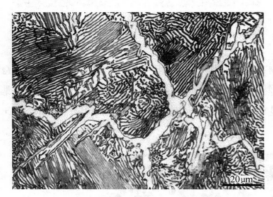

图 2-11 过共析钢中 Cem+P 的 OM 显微组织

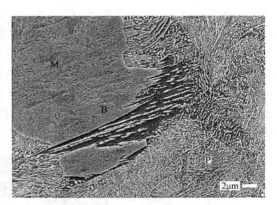

图 2-12 过共析钢中 P+B$_U$ 的 SEM 显微组织

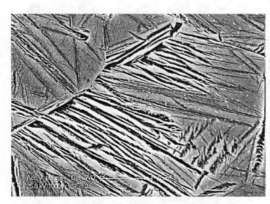

图 2-13 过共析钢中 B$_L$ 的 SEM 显微组织

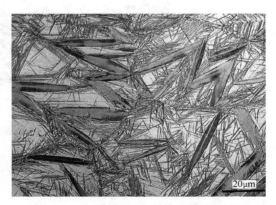

图 2-14 过共析钢 M+A$_R$ 的 OM 显微组织

对图 2-1 中 Ⅱ 合金（共析钢）进行过冷奥氏体等温转变，因为在珠光体和贝氏体转变之前，没有先析出相 F、$\overrightarrow{F}$、Cem 和 $\overrightarrow{Cem}$，可能获得的显微组织比较简单，在 A_1 与 550℃ 之间，室温的显微组织为 P。

必须指出，上述显微组织是在不同温度下充分等温保持后，冷却至室温获得的。如果等温时间不足，部分奥氏体尚未转变，冷却至室温时，待转变奥氏体会发生 $A \rightarrow P$，$A \rightarrow M$，$A \rightarrow \overrightarrow{F} + P$，$A \rightarrow \overrightarrow{F} + P + B_U$，$A \rightarrow P + B_U + M + A_R$ 等的转变。

此外，由于钢的化学成分不同和加热后奥氏化状态（成分的均匀性、晶料大小）的差异，对过冷奥氏体转变产物的形态也会发生影响，如 F 有块状和网状之分，$\bar{F}$ 有簇条状和针片状之分。B 除了普通 B_U 和 B_L 之外，还有 B_{nc}、B_g、B_{sup} 之分。M 除了板条状和针片状之外，还有板条状与针片状混合型以及隐晶之分。

如果考虑上述热处理工艺和化学成分造成显微组织差异的因素，在能获得的各种显微组织形态之中，钢在室温下可能获得显微组织更为复杂、类型更多，有百种以上。

对于钢中多相组成的显微组织，其力学性能取决于各组成相的性能、体积分量、相界面积（第二相的弥散度）以及第二相分布的均匀性和与基体相的结合情况。此外，基体与强化相性能的差异大时，因承载时易在两相之间易产生应力集中，使钢件的强度和韧性都降低。

第3章　钢铁的等温退火

退火是将钢件加热至临界温度（A_1 或 A_3）以上，保温一定时间以后，在炉中缓慢冷却，以获得接近平衡的稳定显微组织。其目的主要是为了软化钢件以便切削加工和冷塑性变形成形、消除内应力以防止钢件变形，排出气体以避免氢脆和发裂（白点），减小钢件成分偏析以改善冶金质量等。

钢的成分不同，退火的目的不同，退火处理的方法也不同。常用的退火工艺有完全退火、不完全退火、扩散退火、球化退火、消除应力退火等。等温退火是完全退火、不完全退火、球化退火和防止氢脆退火的改进方法。等温退火后钢的显微组织与连续冷却退火相似，但性能更均匀和稳定，冷却时间也可以大幅度缩短。

3.1　等温退火的操作方法

等温退火的工艺过程，大致可以分成如下几个步骤：

1）根据钢件退火的目的，将其加热到临界温度以上（亚共析钢为 Ac_3 以上，共析钢和过共析钢为 Ac_1 以上）的某一温度等温保持，使其温度均匀，并转变为奥氏体，达到所要求的奥氏体化状态。

2）将已奥氏体化后的钢件，放入另一温度稍低于 Ar_1 的炉中或随炉较快地冷却至稍低于 Ar_1 的温度进行等温保持。等温保持温度应在过冷奥氏体的珠光体转变温区的高温段，应保持足够的时间，使钢件全部转变为珠光体转变产物，并使其硬度符合退火技术要求。

3）等温保持钢件全部完成珠光体转变之后，理论上可以出炉空冷、油冷甚至水冷。然而为了避免钢件产生较大的内应力，一般皆为空冷或随炉冷至 500℃后，出炉空冷至室温。

亚共析钢等温退火工艺曲线如图 3-1 所示。等温退火工艺可以完成各种炉冷退火的任务。

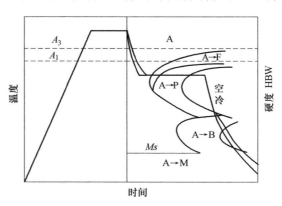

图 3-1　亚共析钢等温退火工艺曲线

3.2　等温退火的实施要点

钢件的普通退火多采用周期作用炉，装炉量较大（几吨或十几吨）。等温冷却时，钢件各部位的差异也较大，不适合等温退火工艺的实施。因此，应采用连续炉进行等温退火，即钢件在装料厚度较小（<100mm）的连续加热、冷却、保温的炉中进行。

为了保证退火质量，同时进行等温退火的钢件应是同一牌号（最好是同一炉号）、同一规格的同种钢件。对于牌号相同、退火技术要求相同但规格不同的钢件，同时处理时应尽量使钢件的有效厚度相近。

奥氏体化加热温度是根据退火目的、钢件成分和原始显微组织而定的。若为了切削加工要求，减少中高碳钢（包括合金钢）原始组织中分散度较大的碳化物，可以在 Ac_3（或 Ac_1）+（30～50）℃温度加热；化学成分分布不均的合金钢件，为了减少成分偏析，采用 1150～1200℃的高温长时间保温，使合金成分扩散，趋于均匀。

一般说来，加热速度对退火后的结果影响不大，但不宜过快。钢件加热时间，可按有效厚度（钢件堆放的实际厚度）估算：碳素钢采用 1.5～1.8min/mm；合金钢采用 1.8～2.0min/mm；高碳高合金钢，则以 100～200℃/h 的加热速度加热至奥氏体化温度。除扩散退火需要长时间保温外，钢件的保温时间通常可为加热时间的 1/3～1/2。对于要求降低硬度的合金钢件，保温时间应短一点，这样可缩短冷却时的等温保持时间。

钢件在 A_1 点以下的等温温度，主要根据退火技术要求和该牌号钢的等温转变图来确定。配合等温保持时间，既要确保获得珠光体转变产物，又要满足硬度要求。硬度要求低时，等温温度提高，一般常用 A_1 以下 20～30℃温度；硬度要求较高或硬度范围较大时，可采用稍低的等温温度，最好采用等温转变曲线上珠光体"鼻尖"的温度（可从等温转变图中查得），以缩短等温保持时间。但考虑到钢件冷却至等温温度需要一定时间、每个钢件及其内外都要转变完成，故其等温时间应比等温转变图上查得的时间长。通常，碳素钢的等温时间为 1～2h，合金钢为 2～4h，高合金钢则需要更长的时间。

钢件经等温保持已经完成相变之后，冷却方式对钢的显微组织和性能没有什么重大影响。如果采用水冷或油冷，会使钢件产生较大的热应力，导致钢件变形（包括切削加工后变形），并浪费资源，而且操作也比较烦琐；如果采用炉冷，会使生产率大大降低，故通常采用空冷或放入料箱中冷却。对于消除应力退火和防止白点形成的退火，等温保持后一定要炉冷（缓慢冷却）。前者冷至 350℃，后者冷至 100℃左右，方可出炉空冷。

3.3　等温退火的操作实例

1. 淬火回火低合金超高强度钢的等温退火

经淬火和较低温度回火的低合金超高强度钢（$R_{p0.2}$>1400MPa、$A \geqslant 10\%$、$KU \geqslant 25J$），因其强度高、性价比高，已成为制造重要机械零件的首选钢种。这类钢包括 35CrNiMo、40CrNiMo、40CrNi2Si2Mo、35CrMnSi、35CrMnSiNiMo 等，它们的固态相变基本相似，过冷奥氏体稳定性比较大。这类钢件通常经锻轧成坯，再经退火后进行切削加工和淬火、回火处理。因为过冷奥氏体比较稳定，退火需要的冷却速度较慢，而且还常常伴随非稳定显微组织出现，所以多采用等温退火处理。现以 35CrNiMo 钢为例进行说明。

35CrNiMo 钢 880℃奥氏体化后的连续冷却转变（CCT）曲线如图 3-2 所示。可以看出，即使采用 10℃/h 的缓慢冷却速度，也难以完成珠光体转变，硬度>35HRC，导致其切削加工难以顺利进行。35CrNiMo 钢的过冷奥氏体等温转变（TTT）曲线如图 3-3 所示，如果进行连续冷却完全退火，即使将奥氏体化温度降低至 850℃（奥氏体成分不均匀会加速珠光体转变），其平均冷却速度也必须小于 20℃/h，方可使钢件软化（硬度<30HRC），因此退火的操作时间很长，退火周期达到 30~40h，而其中用于冷却的时间不少于 20h。如果采用等温退火，快冷至 640℃等温保持 3~4h 后即可完成硬度<30HRC 的珠光体转变，整个冷却时间只需要 6~7h，退火周期减少到 20~24h，较大程度地缩短了操作时间。利用锻造余热等温退火，即锻件停锻后（温度为 900~1000℃），处于奥氏体状态，立即空冷至在稍低于等温保持温度下，再置于等温保持温度（640℃）。与重新加热等温退火相比，锻造余热等温退火的奥氏体晶粒粗大，成分均匀，稳定性提高，虽然等温保持时间由 3~4h 延长至 4~6h，但整个退火时间仅 10h 左右，节省了钢件加热时的热能。35CrNiMo 钢的三种退火曲线如图 3-4所示。

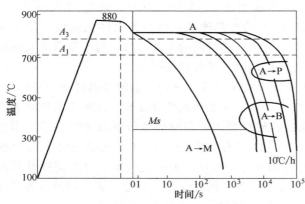

图 3-2　35CrNiMo 钢 880℃奥氏体化后的
连续冷却转变（CCT）曲线

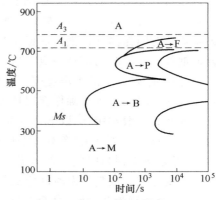

图 3-3　35CrNiMo 钢过冷奥氏体
等温转变（TTT）曲线

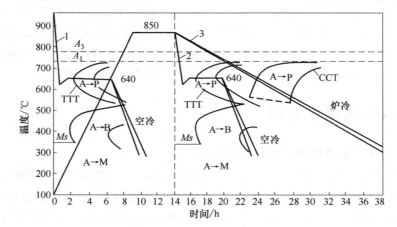

图 3-4　35CrNiMo 钢的三种退火曲线

1—锻造余热等温退火　2—等温退火　3—普通退火

　　研究指出，对于35CrNiMo类合金钢件，因为其过冷奥氏体在珠光体转变区比较稳定，所以完成转变的时间较长。若转变不完全，会导致钢件硬度过高。

　　研究发现，将处于奥氏体状态的钢件，先冷却至 Ms 点稍低温度（如200℃），再加热至 A_1 点稍低珠光体形成温度（如640～650℃）等温保持，已形成的部分马氏体发生分解会促进未转变的奥氏体发生珠光体转变，因而使等温时间缩短。35CrNiMo钢的快速等温退火曲线如图3-5所示。图中虚线为有部分马氏体形成时，过冷奥氏体转变为珠光体时的等温转变曲线。由于这种退火工艺的时间较短，也称为快速等温退火。经这种方法退火处理后，钢件不仅硬度较低，而且显微组织也比较均匀。

　　为了使35CrNiMo类钢锻件获得更低的硬度，退火时应使过冷奥氏体分解完全，并使显微组织中的碳化物短状化，可以采用如图3-6所示的二次波动等温退火曲线。即将钢件加热后先冷至200℃左右，再将其放入650℃炉中保持一段时间后，重新冷至200℃，再放入650℃炉中保持一段时间，最后空冷至室温。

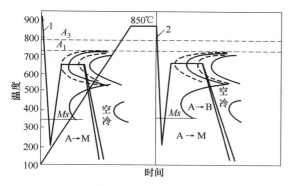

图3-5　35CrNiMo钢的快速等温退火曲线

1—锻造余热快速等温退火　2—专门加热快速等温退火

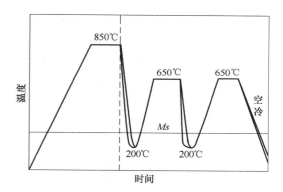

图3-6　35CrNiMo钢二次波动等温退火曲线

　　这种波动等温退火法，从加热奥氏体化状态冷下来时，必须冷至其 Ms 点以下的温度，形成一定数量的马氏体，这样在加热到等温温度650℃时才能促进待转变奥氏体的分解，缩短等温保持时间。如果冷却温度过高（高于 Ms 点），无部分马氏体形成时，有可能减缓过冷奥氏体在650℃左右温度时的分解速度，反而会增加等温保持时间。

　　几种中碳合金结构钢试样，经高温（1050℃）奥氏体加热后，采用表3-1所列出等温退火规范，处理后的硬度见表3-2。

　　由表3-1和表3-2可知，采用普通等温退火时，如果等温保持时间不够长，过冷奥氏体不能完全分解转变为珠光体组织，冷却至室温后会获得较低硬度珠光体和高硬度马氏体，宏观硬度较高，显微硬度不均。只有当等温保持时间足够长，才可避免这种现象的发生。可以看出，波动等温退火与普通等温退火相比，可以显著地缩短退火操作时间。

　　上述实验结果的等温保持时间较长，是由于奥氏体化温度高，晶粒粗大，成分均匀，致使过冷奥氏体稳定性提高。如果采用较低温度（850～860℃）加热，等温保持时间可以缩短，这对利用锻造余热等温退火工艺具有参考价值。

　　常用亚共析钢（包括结构钢和模具钢）的等温退火工艺参数见表3-3，可供操作参考。

表 3-1 几种中碳合金结构钢的等温退火规范

规范编号	等温退火			波动等温退火					
	等温			等温			重复加热		
	温度/℃	停留时间/min	冷却介质	温度/℃	停留时间/min	冷却介质	温度/℃	停留时间/min	冷却介质
1	650	30	油	200	—	油	—	—	—
2	650	180	油	200	30	油	—	—	—
3	650	420	油	200	30	重复加热	650	30	油
4	650	420	炉冷400℃后油冷	200	30	重复加热	650	150	油
5	650	180	炉冷200℃	200	30	重复加热	650	420	油
6	650	450	炉冷200℃	200	30	重复加热	—	—	炉冷200℃

表 3-2 几种中碳合金结构钢不同等温退火规范热处理后的硬度

牌号	规范编号	等温退火				牌号	规范编号	波动等温退火			
		洛氏硬度HRC		维氏硬度HV				洛氏硬度HRC		维氏硬度HV	
		室温	冷处理	最低	最高			室温	冷处理	最低	最高
40CrNi	1	45	58	203	923	40CrNi	1	—	—	—	—
	2	45	50	207	887		2	15	15	174	439
	3	8	8	198	269		3	16	16	169	205
	4	5	5	140	154		4	15	15	142	187
	5	6	6	171	230		5	10	10	193	210
	6	6	6	214	269		6	10	10	174	219
35CrNiMo	1	52	54	269	743	35CrNiMo	1	—	—	—	—
	2	45	53	263	700		2	—	—	—	—
	3	42	44	275	743		3	25	26	174	214
	4	38	40	258	743		4	24	24	169	226
	5	28	32	305	316		5	21	21	140	147
	6	21	24	259	265		6	20	20	125	140
50CrNiMo	1	—	—	—	—	50CrNiMo	1	32	—	282	510
	2	55	—	379	820		2	—	—	—	—
	3	40	—	256	629		3	28	—	252	372
	4	—	—	—	—		4	—	—	—	—
	5	—	—	—	—		5	26	—	238	372
	6	24	—	167	274		6	23	—	201	236

表 3-3 常用亚共析钢的等温退火工艺参数

牌号	加热温度/℃	等温温度/℃	等温时间/h	退火硬度 HBW
40CrMo	860	640	2	240
45CrMnSi	880	660	2	240

（续）

牌号	加热温度/℃	等温温度/℃	等温时间/h	退火硬度 HBW
35CrNi3Mo	880	620	10	230
50CrNiV	860	630	15	250
50CrMnMo	850	620	2	240
50CrNiMo	840	630	3	240
50CrNiW	860	650	4	250
4Cr2W3	960	700	5	220
4Cr5Mo3V（H-13）	980	720	5	220

2. 过共析钢的等温退火

过共析钢制的工具，锻造成形之后通常会形成硬度比较高的非平衡组织。因此，为了后续进行切削加工并为淬火做好显微组织准备，这些钢件都必须进行退火。

过共析钢的碳含量高，平衡状态下的碳化物数量多，硬度高。为了满足切削加工可顺利进行的硬度要求，需要使碳化物粒状化（以减少相界面），即应进行球化退火。钢中碳化物的球化，本质上是碳化物尖角溶解，平面部分长大的过程。因此，为了缩短碳化物球化过程，首先要求原始组织中的碳或碳化物分布均匀，分散度大，如伪共析珠光体、贝氏体、马氏体等，不允许有网状或大块状碳化物存在。其次是采用的温度应有利于碳的扩散、溶解和析出。等温退火有利于碳化物球化，下面以 GCr15 钢等温球化退火为例说明。

（1）等温球化退火 将钢件加热至比 Ac_1 稍高温度，保温一定的时间，使其形成碳化物未完全溶解、基本碳浓度分布不均匀的奥氏体状态，而后冷至比 Ar_1 稍低的温度等温保持，使奥氏体分解为铁素体和碳化物，并使碳化物粒状化，而后空冷至室温。GCr15 钢锻件（8t 料）等温球化退火曲线如图 3-7 所示。其中，720℃ 等温 3h 是为了使同炉钢件加热均匀，780℃（Ac_1+20℃）加热是为了实现不完全奥氏体化。700℃（Ar_1-10℃）等温，完成奥氏体分解和碳化物球化。等温保持后炉冷至 500℃ 是为了使奥氏体转变和球化完全。

（2）循环等温球化退火 根据钢中碳化物的球化机理，为了缩短球化过程，对于过共析钢可在 Ac_1 稍高温度加热（不完全奥氏体化）和 Ar_1 稍低温度停留短时间（奥氏体分解和球化不完全），循环（3~5 次）进行，这种工艺即为循环等温球化退火。GCr15 钢锻件（2t 料）循环等温球化退火曲线如图 3-8 所示。可以看出，这种退火方法的加热温度和等温温度与图 3-7 相同，只是保持时间缩短且循环加热冷却了三次。在多次加热冷却过程中，加速了

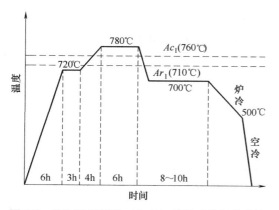

图 3-7 GCr15 钢锻件（8t 料）等温球化退火曲线

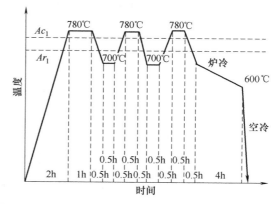

图 3-8 GCr15 钢锻件（2t 料）循环等温球化退火曲线

碳化物的球化。由于加热冷却时间短，只有装料量较少且锻件实际有效厚度较小时，才能实现预期的相变和结果。

（3）利用锻造余热（锻热）等温球化退火　研究表明，为了延长高碳钢（合金钢）件的使用寿命，一方面要求其具有高的强度和硬度，以提高抗塑性变形和抗磨损能力；另一方面又要求其具有足够的韧性和一定的塑性，以提高抗脆性断裂能力。目前高碳铬轴承钢（GCr15）制造的滚动轴承零件的失效是兼受强度、韧性、耐磨性等综合影响的接触疲劳（麻点）。虽然，钢件的接触疲劳寿命与产品设计、加工精度、装配质量、使用条件等都有关系，但本质上与钢的性能关系更为密切。

钢件的性能是由其化学成分（包括杂质含量）和显微组织形态决定的。当钢的成分确定时，则取决于其显微组织形态。轴承钢热处理（淬火、低温退火）后的性能，主要受淬火马氏体成分、形态、晶粒大小、残留奥氏体的数量、分布以及未溶碳化物的形貌大小和分布的影响。这些又与淬火前退火态碳化物的形貌、大小和分布相关。前期研究表明，退火态的碳化物呈小（粒径小）、匀（分布均匀）、圆（形状为球形）状态，是提高钢件使用性能的前提。

使用如图 3-9 所示的锻热等温球化退火曲线，可以获得小、匀、圆的碳化物球化组织。首先将停锻后的轴承套圈，快冷至 550℃ 等温，使其快速转变为伪共析细片状珠光体，而后迅速加热至比 Ac_1 稍高温度（790℃），短时间加热，使其形成晶粒细小、成分不均匀的奥氏体和未溶碳化物组织，再冷至比 Ar_1 稍低温度（700℃）等温保持，使过冷奥氏体分解、碳化物粒状化。因为原始组织细小（碳化物片层很薄），碳化物容易破碎、球化；又因等温保持时间不长，粒径较小，所以整个退火加热、等温时间在 2~2.5h 即可达到退火目的。锻热等温球化退火（2~2.5h）普通球化退火（30~36h）、等温球化退火（21~24h）以及循环等温球化退火

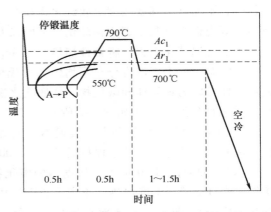

图 3-9　GCr15 钢轴承套圈锻热等温球化退火曲线

（12~15h）后的碳化物状态见表 3-4。由表可知，锻热等温球化退火后，显微组织中的碳化物具有颗粒细小、尺寸相近、分散度较大的特点。

表 3-4　GCr15 钢不同退火方法显微组织中的碳化物状态

退火方法	硬度 HBW	碳化物粒径/μm			碳化物分散度/（个/79μm²）
		最大	最小	平均	
锻热等温球化退火(2~2.5h)	202	1.3	0.3	0.50	92
普通球化退火(30~36h)	170	4.0	0.5	1.55	33
等温球化退火(21~24h)	202	2.0	0.4	0.80	64
循环等温球化退火(12~15h)	205	1.6	0.4	0.85	66

上述锻热等温球化退火的轴承套圈经淬火、低温回火处理后与国内外同类产品的碳化物状态对比见表 3-5。可以看出，国内外轴承套圈的碳化物颗粒具有尺寸较小且体积相近、分

布比较均匀的特点，而经锻热等温球化退火的轴承套圈的碳化物更细、尺寸相差更小、分布更为均匀。

表 3-5 不同退火方法的轴承套圈经淬火、低温回火后碳化物状态

试验轴承套圈来源	碳化物粒径/mm			碳化物分散度/
	最大	最小	平均	（个/79mm^2）
锻热等温球化退火制轴承套圈	0.9	0.2	0.5	47
洛阳轴承厂轴承套圈	2.0	0.35	1.0	39
俄罗斯第八轴承厂轴承套圈	2.6	0.35	0.95	38
瑞典 SKF 公司轴承套圈	1.4	0.3	0.75	37
日本 NSK 公司轴承套圈	2.0	0.35	0.95	40

采用 206 轴承产品进行轴承套圈使用寿命的台架试验。试验前对试验产品逐项进行精度检验，得出经锻热等温球化退火的轴承套圈加工精度稍低。试验时间为 6 个月零 7 天，结果见表 3-6。可以看出，锻热等温球化退火与普通球化退火处理相比，额定寿命延长了 87%，中值寿命延长了 108%，可靠性也有所提高。

表 3-6 不同退火方法的轴承台架试验结果

退火方法	类别	额定寿命 L_{10}/h	中值寿命 L_{50}/h	可靠度 （%）	斜率度
锻热等温球化退火	轴承损坏	152	812	93.5	1.12
	套圈损坏	200	810	96	1.35
普通球化退火	轴承损坏	103	390	89	1.32
	套圈损坏	107	390	91	1.46
技术要求		≥100	≥500	≥90	≥1.1

上述试验结果表明，GCr15 钢制轴承套圈锻热等温球化退火与普通球化退火相比，不仅降低了退火加热消耗的热能，缩短了生产周期，而且延长了钢件的使用寿命。

同样，对于其他过共析钢件和低合金钢件，当尺寸较小（直径或厚度≤120mm）时，在生产批量不大的情况下，采用等温退火处理规范及硬度见表 3-7。

表 3-7 各种过共析钢的等温退火处理规范及硬度

牌号	加热温度/℃	等温温度/℃	等温时间/h	退火后硬度　HBW
T10 或 T12	800~826	600~700	2~3	183~207
CrMn	790~810	700~730	3~4	217~225
CrWMn	770~790	700~730	3~4	197~227
9CrWMn	770~790	690~720	3~4	187~228
W	810~830	670~700	3~4	187~228
9SiCr	780~810	680~730	3~4	207~241
7Cr3	780~800	700~730	3~4	207~241
CrW3	800~820	670~700	3~4	207~255
Cr、GCr15	780~800	670~700	3~4	197~228
Cr09、GCr9、Cr06、GCr6	770~790	670~700	3~4	217~228

3. 高碳高合金钢的等温退火

高碳高合金钢的过冷奥氏体很稳定，连续冷却时很难完成珠光体转变。因此在实际生产

中广泛采用等温退火来降低锻件的硬度，进行后续切削加工。高碳高合金钢常用的钢种主要包括高速钢、高铬钢和耐热钢，它们的等温退火也各具特点。

（1）高速钢的等温退火　高速钢是一种高硬化性的钢种。经锻造空冷后，其硬度都在50HRC 以上，很难进行切削加工，为此必须进行等温退火处理，以降低钢件硬度。高速钢进行退火时，首先必须采用较低的奥氏体化加热温度，使形成的奥氏体具有较少的合金元素含量，以降低过冷奥氏体稳定性，缩短等温保持时间。高速钢（W18Cr4V）的奥氏体化加热温度对过冷奥氏体等温转变曲线的影响如图 3-10 所示。可以看出，退火采用较低的奥氏体化加热温度是十分必要的。

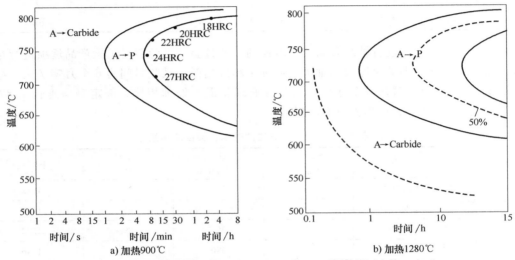

a) 加热900℃ b) 加热1280℃

图 3-10　高速钢（W18Cr4V）经 900℃和 1280℃奥氏体化加热后
过冷奥氏体转变为珠光体的等温转变曲线

高速钢锻件等温退火的加热温度一般为 860~880℃，经保温后冷至 720~740℃等温保持 4~6h，即可出炉空冷。高速工具钢（W18Cr4V）等温退火曲线如图 3-11 所示，退火后的显微组织为较粗大的未溶碳化物和细粒状珠光体，硬度为 255~270HBW（26~28HRC）。常用小批量高速工具钢等温退火工艺参数及退火后的硬度见表 3-8。

（2）高铬钢的等温退火　高碳高铬钢是常用模具钢，可制造冷作模具和热作模具。由于铬含量高，淬透性大，因此锻件的硬度高，切削加工时必须采用降低硬度的退火工艺。实际生产中通常采用等温退火。

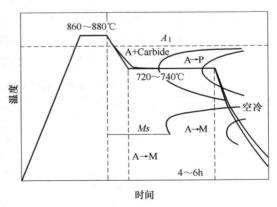

图 3-11　高速工具钢（W18Cr4V）等温退火曲线

为了缩短退火时间，与高速钢退火相似，其奥氏体化加热温度应选用较低的温度，使加热后保留较多的未溶碳化物且奥氏体中含有较少的合金元素。以 Cr12Mo 钢为例，常用的等温退火曲线如图 3-12 所示。退火后的硬度为 217~255HBW。

表 3-8　常用小批量高速钢等温退火工艺参数及退火后的硬度

牌号	加热温度/℃	等温温度/℃	等温保持时间/h	退火后的硬度　HBW
W18Cr4V	860~880	720~750	5~6	217~255
W9Cr4V2	860~880	720~750	4~5	228~255
W6Mo5Cr4V2	840~860	750~740	4~5	228~255

与 Cr12Mo 钢相似的高碳高铬钢 Cr12 和 Cr12MoV，均可采用与之相似的等温退火工艺。但因其化学成分有所差异，工艺处理结果稍有不同。在生产批量较小的情况下，它们的等温退火工艺参数和退火后的硬度见表 3-9。

（3）Cr9Si2 钢的等温退火　Cr9Si2 钢是一种耐热、耐磨、耐蚀的钢种。当使用温度低于 850℃ 时，可以不发生氧化作用，而且具有相当高的强度和耐磨性，常用来制造在高温下工作的零部件，如汽车、拖拉机的排气门等。这种钢锻造后，空冷至室温，硬度在 40HRC 以上，为了便于切削加工，必须进行退火。

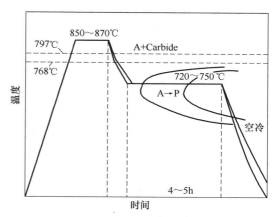

图 3-12　Cr12Mo 钢的等温退火曲线

表 3-9　三种高碳高铬钢的等温退火工艺参数和退火后的硬度

牌号	加热温度/℃	等温温度/℃	等温时间/h	退火后硬度　HBW
Cr12Mo(1%C)	850~870	720~750	4~5	217~255
Cr12(2%C)	850~870	720~750	4~5	228~255
Cr12MoV(1%C)	850~870	720~750	4~5	217~255

这种钢件的普通退火方法是，将钢件装入铁箱中，用木炭填充密封之后，放入950℃的炉中加热，保温 2~2.5h，而后炉冷 10~11h 至 500℃ 左右，最后出炉空冷，整个退火冷却过程需 13~14h。退火后钢件硬度为 20~30HRC。但是，若冷却速度稍快，其硬度往往达到 30HRC 以上，导致切削加工困难。

如果采用等温退火，则操作时间可以显著缩短。Cr9Si2 钢的普通退火与等温退火曲线如图 3-13 所示。等温退火首先将炉温升至 960~1000℃，将已经密封好的锻件装入炉中，保持炉温在 940~960℃ 约 1h，再将炉温降至 850℃ 左右，在 830~850℃ 保持 1h（尺寸较大的钢件应适当延长等温保持时间），而后冷至 600~700℃ 出炉，空冷至室温，整个过程所需要的时间仅 7~8h。经这种等温退火后的钢件硬度在 15~20HRC 之间，比较容易切削加工。

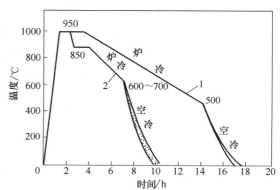

图 3-13　Cr9Si2 钢的两种退火曲线

1—普通退火　2—等温退火

对于 Cr8Si 和 Cr10Si2Mo 等制造气门用的钢，也可以采用与上述等温退火相似的方法进行处理，均可获得良好的结果。

4. 防止钢中形成白点的等温退火

铬钢、铬锰钢、铬镍铂钢、铬镍钨钢等结构钢及工具钢经过热加工（热轧、锻压）之后，冷却速度较快时，往往会在金属较致密部分产生微细裂纹，断口表面呈银白色斑点（圆形或雪片状），即"白点"，如图 3-14 所示。

钢件产生白点之后，无法进行补救，会成为废品。因此，防止白点形成的热处理，就成为整个合金钢制造过程中最重要的部分。

图 3-14　50CrNiMo 钢中的"白点"

（1）白点形成的因素　近几十年来，各国学者对钢中白点形成的因素有很多论点和假说。虽然论点和假说的理论不同，但其共同的观点是钢中的氢导致了白点。从这一点出发所采取的一些措施也有成效。通常，钢在热加工之后，采用缓慢冷却成匀质退火，即可消除白点。然而，对断面较大（250~350mm）的铬镍钢及铬镍钼钢等锻件，仍无法杜绝形成白点。而且，采用缓慢冷却的方法，需要很长时间，一般需要几十小时甚至几百小时。马氏体型钢（如 18Cr2Ni4Mo、18Cr2Ni4W、25Cr2Ni4W 等）在锻后冷却时间对白点形成的影响见表 3-10。可以看出，冷却时间稍短（冷却时间小于 150h），钢件就会形成白点。

表 3-10　马氏体型钢在锻后冷却时间对白点形成的影响

持续冷却时间/h	钢件数量/件		形成白点比率（%）
	在炉中冷却	形成白点	
<60	55	6	10.9
60~100	131	12	9.1
110~150	289	10	3.4
>150	136	0	0

注：钢件的厚度为 160~200mm。

（2）防止白点形成的方法　因为白点的形成与氢的存在有密切关系，所以只有当钢中氢含量降低至某一限度时，才可避免产生白点。许多研究指出：在低温下，钢中氢含量较高温时更低。只有当奥氏体完全分解为 α 相和碳化物，而且在较高温度下保持足够长的时间后，才能防止白点的形成。为了加速氢从钢中排出，采用等温处理即可满足以上条件。常用于防止白点形成的等温处理方法有以下三种。

1）为了防止珠光体钢（从高温奥氏体状态空冷至室温所得到的显微组织为珠光体型转变产物）中白点形成，钢件热加工之后，空冷至 A_1 点以下 50~100℃（或 50~150℃）珠光体转变速度最快的温度，然后将钢件移入已经预热到上述温度的炉中进行等温保持，保持时间以使钢件整体温度均匀和完成珠光体转变为止。然后，炉温升高至 A_1 点以下 20~50℃，在此温度下再等温保持一定时间，以使钢中的氢进一步扩散逸出，最后将钢件取出空冷，其等温退火曲线如图 3-15 所示。

2）可采取用于防止珠光体钢中白点的形成，并同时起到重结晶、细化奥氏体晶粒的作用的等温退火。若钢件在热轧或锻造之后，不再继续进行热加工，采用这种方法最为适宜，其等温退火曲线如图3-16所示。

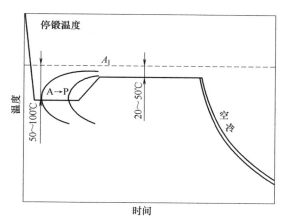

图3-15 防止珠光体钢件形成
白点的等温退火曲线

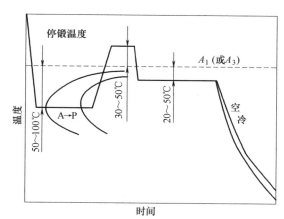

图3-16 具有重结晶作用且防止珠光体钢件
形成白点的等温退火曲线

3）钢件经热加工之后，在空气中冷却到 Ms 点以下150℃左右，使部分过冷奥氏体发生马氏体转变，然后炉温升至 A_1 点以下 20~50℃，等温保持足够长的时间，使钢中的氢扩散逸出，而后再出炉置于空气中冷却。具体工艺参数应通过试验确定，其决定因素为钢的碳及合金元素含量、钢件对白点形成的敏感程度、钢件的横截面尺寸及形状等。此法适用于马氏体钢（从高温奥氏体状态空冷至室温所得到的显微组织是马氏体或贝氏体+马氏体），因为这类钢在珠光体转变温区具有很大的稳定性。

（3）防止马氏体钢的大型钢件中白点的形成 对于有效厚度大的钢件，在空冷或流动空气中冷却时，将会产生较大的温度差。因此，当钢件表层冷至150℃时（如果低于150℃，将有形成白点的风险），而内层温度尚高，常有几百摄氏度之差，所以钢件内部在这种冷却过程中，过冷奥氏体可能没有发生任何转变。由此，就必须延长随后在 A_1 点以下 20~50℃时等温的保持时间。针对上述情况，对于马氏体钢的大型钢件，在热加工后的脱氢处理，常采用下述的等温退火方法。

1）热加工后，钢件在炉门稍开的炉内冷却（或将钢件移入另一炉中），使炉温降至过冷奥氏体稳定性最小的温度区间（对马氏体钢件而言，就是贝氏体形成"鼻子"处），或者将等温炉预热到这个温度，该温度必须根据所处理钢的奥氏体等温转变曲线来确定。对大多数马氏体结构钢而言，此温度约为300℃。

2）在过冷奥氏体稳定性最小的温度区间，使奥氏体全部或大部分转变为贝氏体。在上述温度等温保持后，加热至 A_1 点以下 20~50℃的温度，并保持足够时间。随后在空气中冷至室温。

这种防止形成白点的等温退火曲线如图3-17所示。该方法不仅适用于马氏体钢，而且也适用于其他对白点形成敏感性强的铬镍钢和铬镍钼钢。这类钢的过冷奥氏体在形成珠光体的温区（相对于贝氏体形成温区）也具有较高的稳定性。

（4）防止35Cr、40Cr、45Cr、50Cr、65Mn、40CrMnSi等大尺寸锻件中白点的形成 常

用如图 3-18 所示的等温退火曲线。这种方法的操作过程和工艺参数如下：

1）将经热加工的钢件置于已经加热至 650℃ 的炉中保持 2~4h。

2）将钢件加热至 $A_3 + (30~50)$℃ 保持。保持时间按每 100mm 厚度保持 0.5h 计算。

3）钢件随炉冷至 300~350℃，在此温度下的保持时间按钢件每 100mm 厚度保持 2h 计算。

4）重新将钢件加热至 640~660℃，在此温度下的保持时间按钢件每 100mm 厚度保持 3h 计算，但保持总时间不小于 10h。

5）钢件缓慢冷却至 100℃ 后出炉空冷。

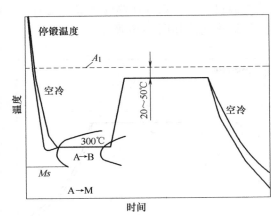

图 3-17　防止马氏体钢件形成白点的等温退火曲线

（5）防止 35Ni、40Ni、45Ni、40CrNi、40CrNiMo、30CrNi3Mo 等钢件中白点的形成　常用如图 3-19 所示的等温退火曲线防止形成白点。这种方法的操作过程和工艺参数如下：

1）将经热加工后的钢件，置于 300~350℃ 的炉中，等温保持。保持时间按钢件每 100mm 厚度保持 2h 计算。

2）将钢件加热至 $A_3 + (30~50)$℃，保持时间按钢件每 100mm 厚度保持 40min 计算。

3）钢件随炉冷至 300~350℃ 等温保持，保持时间按钢件每 100mm 厚度保持 2h 计算。

4）再将钢件加热至 640~660℃ 等温保持，保持时间按钢件每 100mm 厚度保持 4h 计算，保持总时间不小于 10h。

5）缓慢冷却至 100℃ 后出炉空冷。

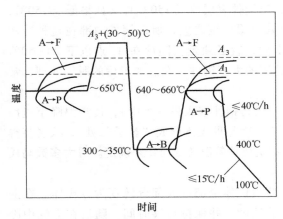

图 3-18　低合金结构钢锻件防止
白点形成的等温退火曲线

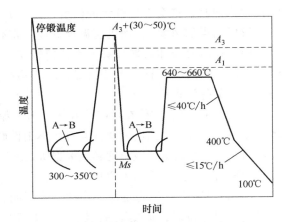

图 3-19　防止白点形成钢件的等温退火曲线

必须指出，图 3-18 和图 3-19 中的等温退火曲线，不仅可以防止白点形成，而且也有重结晶和细化奥氏体晶粒的作用。

3.4 等温退火的应用范围

等温退火一般用于处理热加工成形钢件、小批量中型或大型锻件、铸件和冲压件，特别适用于高合金钢、高碳高合金钢等需要退火降低硬度的制件。这种方法与传统连续冷却退火相比，可以大大缩短操作时间，节约热能，同时减小钢件氧化脱碳倾向，并获得均匀稳定的显微组织和性能，提高钢件质量。

因为等温退火的操作并不麻烦，容易控制，加之具有良好的经济效益和社会效益，所以在生产中已经得到推广应用。

提高钢的奥氏体化加热温度，会使溶入奥氏体中的碳和合金元素的数量增加，成分均匀度增大和晶粒粗化，从而提高过冷奥氏体的稳定性，这对含碳、合金元素较高的钢件影响更大。例如40CrNiMo钢和50CrNiMo钢，分别加热到800℃和825℃，经保温后，其过冷奥氏体在650℃等温保持2h便可以分解完全。如果，将加热温度提高到930~950℃，特别是升高到1050℃时，过冷奥氏体的稳定性显著提高，在650℃等温保持2h之后，过冷奥氏体尚未出现明显分解。因此，为了缩短等温退火的生产周期，其奥氏体化加热温度应选用较低温度。

在确定等温温度和等温保持时间时，应该注意，钢从高温冷却至等温温度的过程中，如果有游离铁素体析出，则待转变奥氏体中碳含量升高，使稳定性增大。这样，即使在转变完成之后，其硬度也较预期值高，所以必须延长等温保持时间和适当提高等温温度，这在合金结构钢的等温退火中相当重要。

一般来说，对于过冷奥氏体很不稳定的碳素钢及过冷奥氏体珠光体型转变稳定性很小的低合金钢，等温退火与普通完全退火和不完全退火相比较，其操作时间相差无几，因而采用等温退火的意义不大。

第4章　钢铁的等温正火

正火，也称正常化处理，即经正火处理后，钢件可获得正常（比较稳定）技术要求的显微组织和力学性能。正火处理所采用的方法和工艺参数，都是为了上述目的而制订的。在多数情况下，都是将显微组织和性能不正常或不符合技术要求的钢件，加热到 Ac_3 点或 A_{cm} 点以上温度，成为完全奥氏体化状态，然后空冷（在空气中冷却），获得比较正常的珠光体转变产物。

由于正火采用空冷，钢件是在不同连续冷却条件温度下进行相变的，因此形成的显微组织粗细不均，又因为过冷奥氏体稳定性不同、空冷时堆放厚度不同，所以钢件冷却后所获得的显微组织和力学性能常具有较大的差异，甚至会产生不合格产品。

等温正火将钢件奥氏体化加热之后，迅速冷至 A_1 以下某一温度，使过冷奥氏体在恒温下形成满足技术要求、均匀一致的珠光体转变产物。等温正火是普通正火工艺的一种改进工艺，可以提高钢件的质量。

4.1　等温正火的操作方法

钢件的等温正火操作过程，大致可以分为如下几个步骤：

1）将钢件加热到临界温度以上（亚共析钢为 Ac_3，共析钢为 Ac_1，过共析钢为 A_{cm} 以上），保持一定时间，使其获得成分比较均匀的奥氏体组织。

2）将加热完全奥氏体化的钢件，迅速冷却到 A_1 以下某一温度进行等温保持，使过冷奥氏体在恒温下转变为珠光体转变产物。

3）钢件等温转变之后，可以出炉空冷、吹风冷却，甚至油冷，但一般采用空冷或在料箱中堆冷。

钢件等温正火工艺曲线如图4-1所示。钢件经等温正火处理后，可以改善显微组织，提高力学性能（强度、韧性、塑性等）和工艺性能（切削加工性能、冷冲压、拉拔性能等）。

为了使钢件在等温正火后获得预期效果，在操作时应注意以下几点：

1）等温正火的奥氏体化加热温度应根据正火目的、钢的化学成分和原始组织而定。加热后必须获得单一的、比较均匀的奥氏体。其加热保温时间可参考等温退火时使用的时间，但由于加热温度较高，可适当缩短时间。

2）等温正火等温前的冷却速度必须稍大，以避免过冷奥氏体在冷却过程中析出不良的先共析相，如过共析钢的网状或针状碳（氮）化物、亚共析钢的网状或针片状（α-W）铁素体。具体冷却速度依据钢件的过冷奥氏体析出这些相的稳定性而定，一般采用吹风冷却。

3）等温正火等温前，钢件的表层温度可以比等温温度稍低，但应避免发生贝氏体和马氏体转变。内层温度应接近等温温度，避免在高于等温温度发生过冷奥氏体分解。可使用红外温度仪监测钢件温度。

4）等温正火的等温保持时间以完成过冷奥氏体等温转变为准。但为了使钢件各部位全部转变完成，时间应适当延长。通常可参考等温退火的保持时间，因其等温温度较低，时间可以稍稍缩短。

5）等温保持后通常出炉空冷。

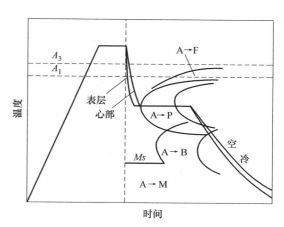

图 4-1　钢件等温正火工艺曲线

4.2　等温正火的实施要点

1）为了保证等温正火处理质量，钢件堆放厚度应≤100mm，宜使用网带式连续作业生产线进行热处理。

2）为改善低碳合金钢件的切削加工性能，等温正火加热温度采用 $Ac_3 + (80 \sim 120)$℃。为提高低中碳钢件的综合力学性能，等温正火加热温度采用 $Ac_3 + (50 \sim 80)$℃。为消除过共析钢件中的网状碳化物，等温正火加热温度采用 $A_{cm} + (80 \sim 150)$℃。通常情况下，铸件比锻件的加热温度高 $10 \sim 30$℃。

3）钢件等温前，采用可控制冷却速度的吹风冷却，并用红外温度仪监测冷却温度。

4）钢件的等温温度可根据钢件的奥氏体等温转变图来确定，即在该温度下，过冷奥氏体全部转变为珠光体转变产物。

在批量生产中，为使处理钢件具有较小的内应力，等温保持后应在料箱中堆冷。

4.3　等温正火的操作实例

1. 低碳合金渗碳钢件等温正火

低碳合金渗碳钢件（如汽车、拖拉机重要齿轮）的锻造毛坯，一般均要进行正火处理。其目的是调整钢的显微组织和性能，以改善切削加工性能并为渗碳淬火做好显微组织准备。例如，为了切削加工顺利进行，要求钢件具有低的强度和塑性，以达到切削力小、切削热少、表面粗糙度值小、残余应力小的目的。对于合金渗碳钢，正火后要求硬度适中（160~180HBW）。若硬度过高，则切削力大；若硬度过低，则塑性和韧性高、不易断屑、切削热高、表面粗糙度值大、残余应力大。

普通正火处理是将钢加热到高温奥氏体化状态，然后空冷（有时吹风冷却）至室温。

由于钢件多为成堆冷却，位于表层和内部的钢件冷却速度不同，且随季节变化，空气温度、湿度和流动情况不同，其冷却能力也不一样，因而获得的显微组织和性能也不尽相同。一些钢件冷却速度较快，过冷奥氏体转变温度较低，硬度较高，甚至会形成非平衡组织（主要是含有 M+A 岛的粒状贝氏体）。从而不仅使切削性能恶化（残余应力增大），而且会改变钢件（如齿轮）渗碳淬火变形规律，使变形超差，甚至成为次品或废品。这种情况在淬透性变化较大的钢中更易出现。我国汽车齿轮曾采用 20MnTiB 钢制造，使用多年之后又停止生产，其重要原因之一就是这种钢渗碳淬火后变形超差率大。这与该钢淬透性波动大，普通正火不能稳定控制其显微组织和性能有关。

国产汽车齿轮采用淬透性不尽相同的 Mn-Cr 钢、Cr-Mn-Mo 钢、Cr-Ni-Mo 钢，这些钢所制造的齿轮锻坯经正火处理，不仅要求硬度数值固定（波动范围小），而且显微组织应具有晶粒较大的块状铁素体和细珠光体，这时普通正火已难以满足要求，因此等温正火的实施势在必行。目前，等温正火已成为我国汽车齿轮锻坯正火的首选工艺，有些汽车制造企业更是规定了经非等温正火处理的齿轮不予使用。

等温正火工艺主要有六个工艺参数需要控制。根据对合金钢锻件的研究，可以用下列方法确定。

（1）奥氏体化加热温度　钢件正火的目的之一是消除锻后所获得的非正常、非平衡组织和粗大奥氏体晶粒的残存影响。钢件奥氏体化加热，既有因重结晶使晶粒细化的效果，又有为获得要求的平衡组织提供适宜的中间介质。通常其加热温度采用 $Ac_3 + (30 \sim 50)℃$，此温度为奥氏体再结晶温度，可以获得比较细小的晶粒，有利于正火后获得细晶粒的先共析铁素体和珠光体。此种显微组织的晶界、相界数量多，使钢的强度、韧性提高。尽管以上性能表明正火作为最后热处理是可行的，但其切削加工性能较差。为此，需要适当提高温度，使奥氏体成分均匀、晶粒较为粗化，冷却后获得尺寸较大的块状铁素体和细光珠。因此，近年来这类钢的正火加热温度较传统方式大幅提高。正火加热温度 T_A 为

$$T_A = A_3 + (100 \sim 140)℃ \tag{4-1}$$

对于合金元素含量较高、带状组织比较严重、过热倾向较大的钢件，T_A 可以采用 $980 \sim 1000℃$。

（2）正火奥氏体化加热时间　从生产组织节奏要求和奥氏体化加热（保温）的实际作用出发，正火的加热时间以钢件达到要求温度和接近均匀的程度为准。在气体介质炉中，正火的加热（保温）时间 t_A 为

$$t_A = a\frac{V}{F} \tag{4-2}$$

式中，a 为加热系数（min/cm），加热温度为 $930 \sim 1000℃$ 时，$a = 10 \sim 15$；V/F 为料筐中钢件的体积与受热面积之比（cm）。

（3）等温温度　在钢件等温转变时，等温温度 T_i 是主要影响钢件显微组织形态和硬度（力学性能）的参数。若硬度合格，钢中就不应有马氏体、贝氏体、α-W 等非平衡组织存在。根据正火钢件的硬度要求，T_i 可由钢的化学成分确定，见式（4-3）。

$$T_i = \frac{\begin{Bmatrix}(703 - 18Ni - 14Cu - 12Mn + 16Mo + 20Cr + 26Si + 50V + 55Ti) - \\ [HBW - (65 + 12C + 50Al + 45Ti + 40V + 50Si + 32Cu + 28Mn + 19Mo + 16Ni + 11Cu + 9.5W)]\end{Bmatrix}}{1 + (C - 0.15)}$$

$$\tag{4-3}$$

式中，HBW 为钢件正火要求的硬度值；C、Mn、Si 等为钢中化学元素的质量分数（%），下同。

（4）等温保持时间　等温保持时间 t_i，应达到所有钢件各部位全部由奥氏体转变为铁素体和珠光体，t_i 可用下式确定

$$t_i = \frac{t_{in}}{60} + 5H \tag{4-4}$$

$$\log t_{in} = 3.0C + 2.0(V+Ti) + 6.0Mo + 0.4Cr + 0.35Mn + 0.3W + 0.18N + 0.15Si + 1 \tag{4-5}$$

式中，t_{in} 为该钢过冷奥氏体转变为珠光体产物的最短时间（min）；H 为钢件的有效厚度（mm）。

（5）等温保持前的冷却速度　等温保持前钢件的冷却速度是指 A_3 点至 T_i 温度的冷却速度 v_c，可用下式确定

$$v_c = \frac{v_p}{60} \tag{4-6}$$

$$\log v_p = 6.67 - (3.8C + 1.05Mn + 0.2Si + 0.57Cr + 0.7Ni + 1.58Mo + 0.0032P_a) \tag{4-7}$$

式中，v_c 为冷却速度（℃/min）；v_p 为不发生珠光体（允许有少量铁素体）转变的最小冷却速度（℃/h）；P_a 为奥氏体化参数，可按式（4-8）计算

$$P_a = \left(\frac{1}{T_A + 273} - 0.0000421 \lg t_A \right)^{-1} - 273$$

$$\tag{4-8}$$

式中，T_A 为奥氏体化加热温度（℃）；t_A 为奥氏体化加热时间（h）。

（6）等温前冷却的最低温度　为了避免钢件等温前冷却温度过低，部分形成贝氏体，其最低温度 $T_L \geq 520℃$。

20CrMnMo（质量分数：0.2%C，0.64%Mn，0.22%Si，1.02%Cr，0.25%Mo）钢齿轮锻件正火要求（160~170HBW），其等温正火工艺曲线如图 4-2 所示，工艺参数实际值与计算值的对比见表 4-1，可以看出两者数值比较接近。

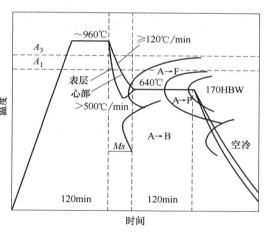

图 4-2　20CrMnMo 钢齿轮锻件（锻件堆放厚度为 100mm）等温正火工艺曲线

表 4-1　20CrMnMo 钢齿轮锻件等温正火工艺参数实际值与计算值对比

工艺参数	实际值	计算值
T_A/℃	960	940~980
t_A/min	120	130~150
T_i/℃	640	630
t_i/min	120	150
v_c/(℃/min)	>120	>120
T_L/℃	>550	>520

2. 低碳低合金渗碳钢件锻热等温正火

如前所述，为了提高低合金渗碳钢件的切削加工性能，正火中奥氏体的加热温度应该较

高，而这类钢件的停锻温度为 1000~1050℃，处于奥氏体晶粒粗大的状态。由于晶粒过于粗大（晶粒度为 1~4 级），正火处理后易形成 α-W 和贝氏体。20CrMnTi 钢锻件（厚度为 50mm），1250℃加热锻造成坯，1050℃停锻后空冷（正火）的显微组织如图 4-3 所示。可以看出，显微组织中既有块状铁素体、珠光体，也有 α-W 和贝氏体，硬度为 220~280HBW。不仅切削加工性不好，而且渗碳淬火后会出现混晶，如图 4-4 所示。最小晶粒为 8 级，最大晶粒为 3 级，因此，这种正火处理无实际应用价值。

为了获得有工业应用价值的钢件，可利用锻造余热正火技术，精确控制冷却温度，避免形成 α-W，在贝氏体形成温度以上等温转变为珠光体转变产物。

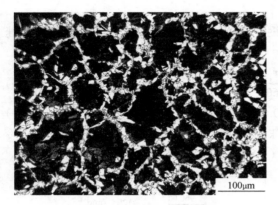

图 4-3　20CrMnTi 钢锻造后正火的显微组织

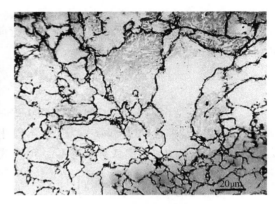

图 4-4　20CrMnTi 钢锻造后空冷（渗碳淬火后）的奥氏体晶粒

晶粒粗大的过冷奥氏体，析出的先共析相与温度、碳含量的关系，如图 4-5 所示。可以看出，当 $w(C) = 0.2\%$ 的奥氏体在 650~700℃之间等温析出铁素体时，开始时为块状，但随着 F 的析出，待转变奥氏体的碳含量增高，析出的铁素体将变为针片状（$\overrightarrow{F}$），而后变为网状（F_n）。当碳含量增高到 GSG' 线与 ESE' 线之间时，则发生珠光体转变，形成伪共析组织。如果等温温度低于 600℃，则可能存在（$\overrightarrow{F}+F_n+P$）。因此采用等温正火，虽然可以避免贝氏体形成，但难以避免 $\overrightarrow{F}$（α-W）的出现。因此，需要对不同形貌的先共析铁素体形成机理进行研究。

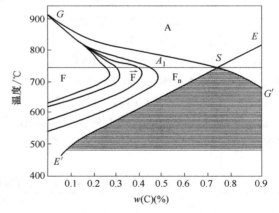

图 4-5　晶粒粗大过冷奥氏体析出的先共析相与温度、碳含量的关系

上述三种先共析铁素体的形成，都遵循晶核形成和晶体长大规律，只是 F 和 F_n 形成时需要碳原子和铁原子扩散，而且具有相同的相变临界点（A_3）。而 $\overrightarrow{F}$ 形成时，只需碳原子扩散，铁原子按切变共格方式长大（相变时，相邻铁原子之间移动距离不超过一个原子间距），并具有独立的、比 A_3 温度低的相变临界点（$T_{A\to\overrightarrow{F}}$）。因此，在较高温度相变时，由

于过冷度小、成核率低、原子活动能力强，形成的是 F；只是当析出量少时，才形成 F_n。而当相变温度低（低于 $T_{A \to \overrightarrow{F}}$）时，由于碳原子活动能力减弱，由 fcc 转变为 bcc 时，按切变共格转变消耗的能量较按铁原子扩散转变消耗的能量少，则易形成 $\overrightarrow{F}$。20CrMnTi 钢 1000℃奥氏体化的过冷奥氏体等温转变曲线，如图 4-6 所示。为了避免 $\overrightarrow{F}$（α-W）形成，应使过冷奥氏体在 A_3 与 A_1 温度之间缓慢冷却或等温保持，使其尽可能析出块状先共析铁素体，而后迅速冷却至 600~650℃等温保持。使待转变（碳含量较高）的奥氏体转变为较细伪共析珠光体（P），并保证技术要求的硬度，其工艺曲线如图 4-7 所示，获得的显微组织如图 4-8 所示。可以看出，显微组织为块状先共析铁素体和细珠光体，晶粒度为 4~6 级，硬度为 165HBW，完全符合技术要求。而且由于切削性能的改善，切削加工后的残余应力减小，使钢件渗碳淬火变形减小。因此，该正火工艺，既可大量节能，又可提高钢件质量。

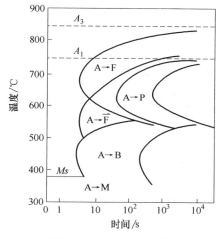

图 4-6　20CrMnTi 钢 1000℃奥氏体化的
过冷奥氏体等温转变曲线

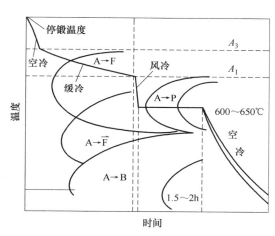

图 4-7　20CrMnTi 钢汽车齿轮锻件
锻造余热等温正火工艺曲线

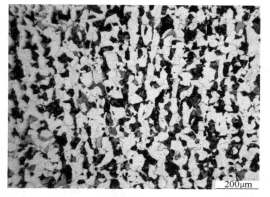

图 4-8　20CrMnTi 钢汽车齿轮锻件锻造余热等温正火后的显微组织

3. 钢丝绳中钢丝的等温正火

钢丝绳中钢丝的特殊热处理方法，被称为索氏体化处理（patenting）。即对中、高碳钢线材进行索氏体化（形成细珠光体组织）热处理，再进行深度拉拔（形变度≥85%）加工，成品钢丝获得高强度（$R_m \geqslant 1800MPa$，最高可达 4000MPa）和良好的韧性、塑性（180°反复弯曲次数 $\geqslant 16$，360°扭转次数 $\geqslant 36$）。这种热处理技术，是目前工业用钢获得最高强度的方法之一。

钢材广泛采用铅浴等温方式进行索氏体化热处理（旧称铅淬火）。由于处理后的显微组织为细珠光体而非淬火马氏体，又因其强度较高（$R_m = 960 \sim 1000MPa$），所以称这种热处理方法为等温正火。

从理论分析，为了提高成品钢丝的强度、韧性、塑性，希望通过正火处理获得片间距小（渗碳体薄）的细或极细的珠光体。因此，工业上才广泛采用冷却能力较强的铅浴等温处理技术。虽然，铅的蒸气和粉尘有毒，会污染环境，许多国家已明文禁止使用，但对重要钢丝绳钢丝（如航空钢丝绳、大型拉桥钢缆用钢丝等），仍需要采用铅浴等温处理（必须采取严密的措施防止污染环境）。经铅浴等温处理后钢材拉拔加工断面收缩率对抗拉强度的影响，如图 4-9 所示。可见，随着断面收缩率（形变度）增大，其抗拉强度迅速增高。当断面收缩率增大至 91.8% 时，R_m 达到 2600MPa。其强化机理包括位错密度强化（图中 A）、亚晶粒细化强化（图中 B）和残存相变的位错强化（图中 C）。

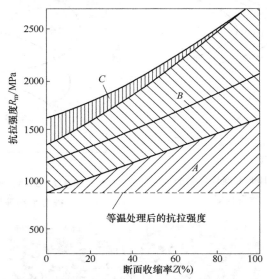

图 4-9　铅浴等温处理后（$R_m = 820MPa$）钢材拉拔加工断面收缩率对抗拉强度的影响

A—位错密度强化　B—亚晶粒细化强化　C—残存相变的位错强化

研究发现，直径为 6.5mm 的 65 钢线材（$\phi 6.5mm$）在铅浴中进行等温处理时，过冷奥氏体并非在铅浴温度下发生恒温转变，而是在高于铅浴温度的连续冷却过程中发生转变，如图 4-10 所示。可以看出，虽然铅浴温度为 500℃，但是钢材在冷却至 570℃ 时，温度复升到 600℃，而后再降温。这是由于过冷奥氏体转变为珠光体时放出的相变潜热所致（相变潜热放出量大于散热量时会升温，小于散热量时会降温）。然而，曲线转折温度并不表示真正的相变开始和终了，而只表示在该温度区间相变进行得比较激烈。从图中转变动力学曲线可以看出，实际开始转变温度为 610℃ 左右，转变终了温度为 540℃ 左右，这是在一个温度范围内的变温状态下进行的。这种现象，随着钢材过冷奥氏体稳定性减小，钢材直径加大，表现得更为严重。70 钢线材（$\phi 8mm$）在 490℃ 铅浴等温处理的相变情况如图 4-11 所示。可以看出，钢材的实际转变温度，远高于490℃的铅浴温度，在600~650℃变温条件下进行。

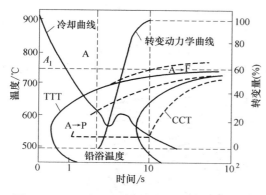

图4-10　65钢线材（ϕ6.5mm）经920℃加热后
500℃铅浴等温的冷却曲线、转变动力学
曲线、等温转变图和连续冷却转变图

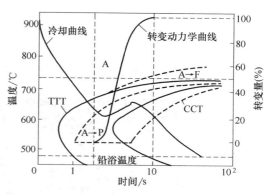

图4-11　70钢线材（ϕ8mm）经920℃加热后
490℃铅浴等温的冷却曲线、转变动力学
曲线、等温转变图和连续冷却转变图

因此，目前在工业生产钢丝绳钢丝的索氏体化处理中，铅浴等温处理并没有实现真正的等温转变，而是在高于等温温度进行的变温转变。其他处理方法，如热碱水冷却、间歇式水冷、风冷、沸腾粒子冷却等皆不能实现真正的等温温度转变，而是在较高温度下的变温转变。

4. 钢丝绳钢材快冷等温正火

由于目前工业生产使用钢丝绳钢丝的索氏体化处理（包括铅浴等温正火）都是在变温条件下发生珠光体转变，而且其转变温度都比较高，高于过冷奥氏体等温转变图中珠光体转变曲线"鼻尖"的温度。为了提高钢材拉拔前的强度、塑性、韧性以改善拉拔加工性能和成品制丝的性能，必须使珠光体真正实现等温转变，而且能够在珠光体转变曲线"鼻尖"以下温区等温转变。为此，对线材研究出了快冷等温正火工艺，即在奥氏体化加热后，先快速冷却（采用无毒、无害、无污染的专利冷却介质）至等温转变温度或稍低温度，而后在空气介质炉中等温保持，完成珠光体转变，最后空冷至室温，其工艺曲线如图4-12所示。

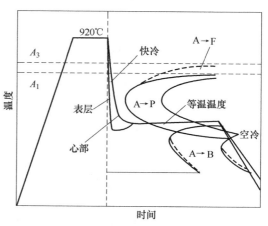

图4-12　65钢线材（ϕ6.5mm）
快冷等温正火工艺曲线

从图4-12可以看出，奥氏体化加热后的线材，由于直径较小（<ϕ10mm），快冷时表层与心部温度差别不大。当表层温度冷至等温温度稍低5~10℃时，心部已降至或接近等温温度，避免了钢材在快冷过程中发生过冷奥氏体分解。在等温保持时，线材内外温度一致，并在恒温下发生珠光体转变。这种钢丝快冷等温正火方法，可以在整个珠光体转变温区实现真正的等温转变，而且避免了铅浴等温正火中铅对环境的污染。

65钢线材（ϕ6.5mm）在920℃奥氏体化加热，快冷至460~470℃并在470℃空气介质炉中等温保持 30min，空冷后的显微组织如图 4-13 所示。由于形成的珠光体片间距很小，因而在光学显微镜（OM）500 倍下已观察不到珠光体的片层特征（图 4-13a），但在透射电子显微镜（TEM）下，可观察到片状珠光体形貌（图 4-13b）。

采用图 4-12 所示的先快冷再等温的等温正火处理方法，测定 65 钢线材（φ6.5mm）在不同等温温度下形成的过冷奥氏体转变产物的力学性能，如图 4-14 所示。可以看出，随着

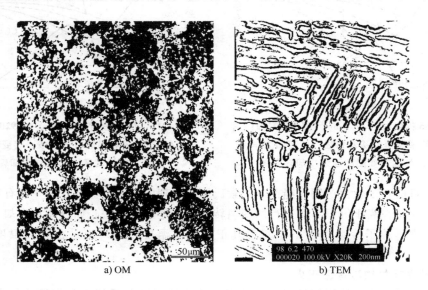

a) OM b) TEM

图 4-13　65 钢线材（φ6.5mm）经 920℃加热快冷至 470℃等温正火的显微组织

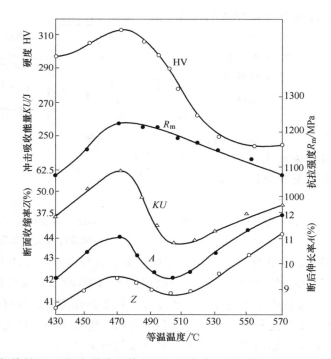

图 4-14　65 钢线材经 920℃加热奥氏体化后迅速快冷至不同等温温度分解产物的力学性能

等温温度的降低，硬度、强度增高，塑性降低。硬度、强度的最高值出现在 470℃，塑性、韧性的最低值出现在 500℃。随后，随着等温温度的降低各项性能下降。即在 470℃ 等温时，转变产物既达到硬度、强度的最高值，又是塑性、韧性的峰值。这种现象与形成的显微组织形态有密切关系。

显微组织观察表明，当在温度 ≥470℃ 等温时，转变产物均为细珠光体。随着等温温度降低，片层间距离随之减小，而且片层的平直度也随之降低。当等温温度降至 470℃ 以下时，转变产物中除了极细珠光体之外，还有上贝氏体组织，如图 4-15 所示。图 4-15a 为珠光体区域形成的极细片状珠光体，图 4-15b 为贝氏体区域形成的上贝氏体。因为贝氏体形成的临界温度 Bs 点（630℃）低于珠光体临界温度 A_1 点（727℃），所以，在相同形成温度下发生相变时，形成珠光体的过冷度比形成上贝氏体的大，其珠光体的片间距比上贝氏体的条间距小，珠光体片比上贝氏体断续条更细。因此一旦出现了上贝氏体，钢的硬度、强度降低的同时，其塑性、韧性也会降低。而当钢的转变产物全部为珠光体时，因为等温温度降低，所以片间距减小，相界面增多，铁素体片中的位错密度增高，硬度、强度增高，塑性、韧性降低。但当等温温度降至 500℃ 以下时，由于片间距很小，珠光体中渗碳体片极薄，渗碳体的脆性已转变为韧性，与承载时铁素体片之间产生应力集中的作用减小，所以钢件不仅硬度、强度增大，塑性、韧性也有所增高。这表明极细的珠光体也是一种高强度、高韧性的显微组织。

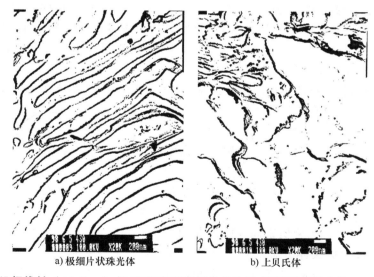

a) 极细片状珠光体　　　　b) 上贝氏体

图 4-15　65 钢线材（φ6.5mm）经 920℃ 加热奥氏体化冷至 430℃ 等温转变的 TEM 显微组织

因为线材经上述等温处理后获得的极细片状珠光体具有高于传统索氏体化线材的强度和塑性，抗拉强度（R_m）高出 100~200MPa，断后伸长率（A）高出 2%~3%，而且屈强比较小（$R_{p0.2}/R_m \leq 0.65$），所以具有良好的拉拔加工性能，可以进行深度（高断面收缩率）拉拔加工，使成品钢丝不仅获得高的强度，而且具有良好的韧性。

5. 中碳非调质钢件等温正火

非调质钢是相对调质钢而言。调质是钢件经淬火和中高温回火处理后获得强度、塑性、韧性都比较高的工艺。许多机械零件，如轴、重要螺栓、连杆等都采用中碳（合金）钢经调质处理来制造。调质处理需经两次加热，消耗热能较多，而且淬火时因冷却快速，使钢件容易变形、开裂，产生次品、废品。非调质是指不经调质处理，使钢件达到技术要求的力学性能的工艺。其本质是利用钢件锻轧余热，通过控制冷却，使其奥氏体转变为珠光体转变产物（少数为贝氏体转变产物），代替调质的淬火回火处理而获得回火贝氏体、回火索氏体，并使其基本力学性能满足技术要求。

中碳铁素体+珠光体非调质钢自1972年问世以来，因为其钢件可节省热能，简化生产工艺，防止变形开裂，所以在机械、汽车制造等行业得到了广泛的应用研究。由于存在一些问题，这种先进结构钢材，除在一些生产批量大的零件（如汽车曲轴、连杆等）中成功使用之外，并未获得广泛的实际应用。目前，非调质钢工业应用存在的问题，主要有如下几个方面：

1）一种机械零件需要采用一个牌号来制造。由于一种机械零件具有一定的尺寸（厚度、直径）和力学性能要求，而钢件锻后控冷（空冷、风冷）可调控的冷却速度范围较小。因而，一种钢件锻后的冷却速度基本固定，所要达到的力学性能需要专门牌号（化学成分）的钢，使其过冷奥氏体在该冷却速度范围内能够转变为力学性能符合技术要求的珠光体产物。因此，目前研发的非调质钢已经有百种之多。

以一种非调质钢42MnV（质量分数：0.42%C，0.21%Si，1.70%Mn，0.1%V）为例，其连续冷却转变图和工艺曲线如图4-16所示。可以看出，当钢件连续冷却转变图为1时，硬度为229HBW；连续冷却转变图为2时，硬度为202HBW。如果钢件的实际连续冷却转变图在1与2之间时，技术要求的硬度为202~229HBW，该钢是可以作为钢件的非调质钢。如果钢件有效厚度过大（冷却速度减慢）、过小（冷却速度增大）或要求硬度高，都必须改用其他化学成分的牌号与之配合。

2）与调质钢相比，非调质钢的强度不高，韧性较低。从图4-16可以看出，在这种热处理中，钢的过冷奥氏体在较高温度的连续冷却过程中发生转变，其转变产物的硬度、强度较低，而且性能波动较大（高温形成的产物硬度、强度低于低温时，并使韧性降低）。与相同碳含量的调质钢相比，只能用于硬度、强度要求较低，而且对韧性、塑性要求不高的零件。

3）非调质钢的价格比调质钢高。因为非调质钢对其淬透性（过冷奥氏体分解的稳定性）要求必须达到一定程度，而且波动范围要求很小，否则其性能就难以满足技术要求。所以就增加了冶炼的难度，钢材合格率较低。再有，同一牌号的钢材产量低，为防止奥氏体在锻轧加热高温过程中的晶粒粗化，需要添加少量的钒和钛，因此其成本较高。

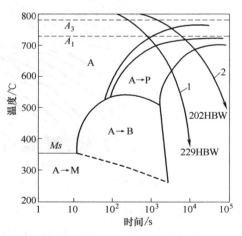

图 4-16 42MnV 钢的连续冷却
转变图及工艺曲线

为了解决上述问题，用一个非调质钢可以制造多种有效厚度不一（大多数零件厚度≤100mm）、性能不同（大多数调质零件 $R_{p0.2} \leq 1000MPa$，$R_m \leq 1300MPa$），其方法是对锻轧后钢件的过冷奥氏体采用快速冷却（冷至等温温度前，不发生分解），再按钢件强度（硬度）要求进行等温转变，而后空冷至室温。以上述非调质钢件为例，其锻轧余热等温正火工艺曲线如图4-17所示。可以看出，从停锻（轧）温度至A_3温度，为奥氏体稳定温区，采用缓慢冷却可减小钢件各部位的温差。在A_3点与等温温度之间快速冷却，以避免过冷奥氏体在冷却过程中发生分解。等温温度是由钢件强度、硬度要求确定的，可以在较大的范围内调整。等温保持最短时间以过冷奥氏体全部转变为珠光体产物为准。为此，以相变完成时间再增加$10 \sim 20 \mathrm{min}$为佳，然后钢件出炉空冷至室温。

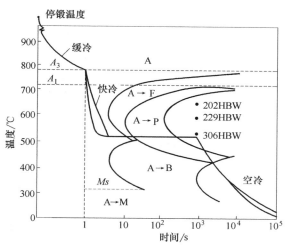

图4-17 42MnV钢件的锻轧余热等温正火工艺曲线

因此，上述工艺既可以使用快冷（适合于有效厚度在较大范围内变化的钢件），又可以使用不同温度等温转变（适用于不同强度和硬度要求的钢件）。此外，由于过冷奥氏体是在某一温度下进行等温转变，转变产物均匀一致，有利于提高钢件的综合力学性能。

6. 高碳非调质钢件等温正火

亚共析钢经普通正火处理获得珠光体转变产物时，随着钢中碳含量增高，显微组织中先共析铁素体数量减少，珠光体数量增多，因先共析铁素体与珠光体的形貌和数量差异而使其力学性能发生变化。其中，铁素体的性能受晶粒大小影响，珠光体的性能与片间距也和晶粒大小有关。不同碳含量（珠光体体积分数）对屈服强度的影响如图4-18所示。可以看出，铁素体晶粒细化对屈服强度的影响随着珠光体数量的增多而减小，越接近共析成分，珠光体对屈服强度的影响越大。图4-18中所示的珠光体片间距和晶粒大小是固定的，如果使形成的珠光体片间距、晶粒减小，发现这种显微组织的强度（$R_{p0.2} \geq 650 \mathrm{MPa}$，$R_m \geq 1000 \mathrm{MPa}$）达到调质钢的水平是完全可能的。这种钢就是高碳非调质钢。

然而，在普通正火条件下，随着钢的碳含量增高，珠光体含量（体积分数）增多，其冲击韧度会急剧下降（图4-19），从而成为钢件失效的主要原因。因此研发高碳非调质钢，必须解决这一问题。

目前，高碳非调质钢工业应用效果较好的实例是，捷达轿车发动机连杆用70S钢。通过锻后控制冷却过程使其获得细珠光体组织，硬度为$30 \sim 32 \mathrm{HRC}$（$285 \sim 291 \mathrm{HBW}$）。这是在钢件有效厚度（6mm）一定，钢的化学成分基本固定以及

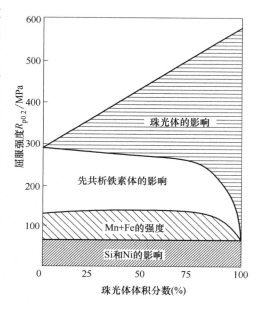

图4-18 珠光体体积分数对铁素体+珠光体钢屈服强度的影响

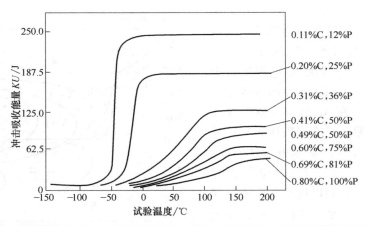

图 4-19 钢的碳含量（珠光体体积分数）对正火钢系列冲击韧度和试验温度的关系

风冷条件下获得的。从如图 4-20 所示的正火工艺曲线可知，为了使钢件获得较高的强度、硬度（既为了使用性能，也为了连杆盖体胀裂工艺的需要），必须采用较大的冷却速度，使珠光体在较低温度下形成，又必须避免过冷奥氏体分解不完全，部分发生马氏体转变。当珠光体转变完成之后，再空冷至室温。

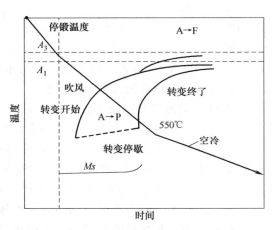

图 4-20 70S 钢连杆控冷正火工艺曲线

70S 非调质钢的相变控制原理如图 4-21 所示。可以看出，当钢的牌号（化学成分）和加热奥氏化状态一定时，其过冷奥氏体连续冷却转变图和端淬曲线也随之确定。以钢件要求硬度（如连杆为 30HRC），从端淬曲线上查得，其距淬端距离（16mm）和 700℃时的冷却速度（8℃/s）。延至连续冷却转变图可知，钢件由 A_3（740℃）冷至 500℃时的冷却时间为 32s，由此继续向上延长，与钢件厚度（6mm）相近的线相交（缓和风冷），并由此可推测钢件由 A_3 至 500℃的冷却时间为 32s，700℃的冷却速度为 8℃/s，处理后钢件的硬度为 30HRC。

从图 4-20 和图 4-21 可知，这种控制冷却处理中，过冷奥氏体是在连续冷却变温条件下转变为珠光体的，而且冷却速度越大（要求硬度越高），相变的温度范围越大，转变产物的力学性能差异更大，对综合力学性能将产生不良影响。对于类似这种要求硬度较高的钢件，为了使过冷奥氏体在较小温度范围内完成珠光体转变，必须增加钢中的合金元素含量。如图 4-22 所示，合金钢与碳素钢相比，可以采用较小的冷却速度获得较大的硬度。

必须指出，高碳非调质钢也有着中碳非调质钢的缺点和不足，尤其是钢的成分变化、过冷奥氏体稳定性的变化，对处理后钢件的力学性能影响较大。因为可调节的冷却速度有限，所以常常因钢材的成分波动而导致钢件的使用性能和工艺性能不符合技术要求，而成为废品。此外，如果钢件有效厚度明显增大或要求强度较大，必须使用另外牌号以增大过冷奥氏体的稳定性。以上这些问题都限制了高碳非调质钢的广泛应用。

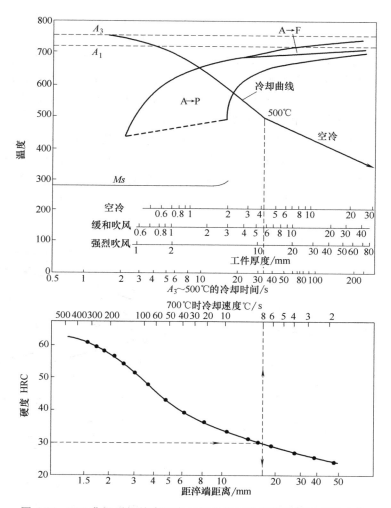

图 4-21　70S 非调质钢的高温奥氏体化连续冷却转变图和端淬曲线

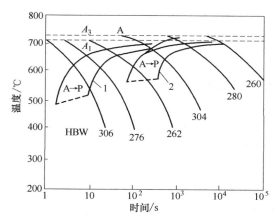

图 4-22　70S 钢和 65CrV 钢的连续冷却转变图和不同冷却曲线对应的硬度

1—70S 钢　2—65CrV 钢

为了解决高碳非调质钢的上述问题，最有效的是采用中碳非调质钢件锻（轧）后先快冷，然后等温保持的等温正火的工艺，下面以 70S 钢为例说明。70S 钢连杆锻热等温正火工艺曲线如图 4-23 所示。钢件锻后快冷可使过冷奥氏体在冷却过程中不发生转变，快冷至一定温度，以获得满足技术要求（硬度/强度）的显微组织，之后等温保持，使其钢件各部位都在等温下转变为珠光体，而后空冷至室温。由于快冷速度快，不同厚度（强度）钢件均可达到要求，因而可以在不同温度下进行等温转变。

经图 4-23 所示工艺处理后的钢材与经普通正火和调质处理钢材的力学性能比较如图 4-24 所示。可以看出，在硬度相同的情况下，锻热快冷等温正火的抗拉强度（R_m）、屈服强度（$R_{p0.2}$）、断面收缩率（Z）均高于普通正火和调质处理，其断后伸长率（A）也高于普通正火，但稍低于调质处理。锻热等温正火工艺下，珠光体是在等温条件下形成的，其片间距均匀且细小。

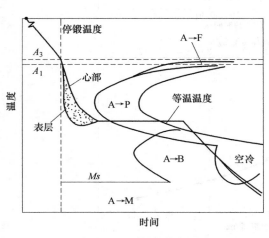

图 4-23　70S 钢连杆锻热等温
正火工艺曲线

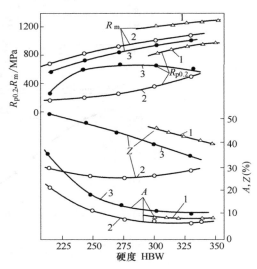

图 4-24　70S 钢经不同热处理工艺
处理后的力学性能比较

1—利用锻造余热快冷不同温度的等温正火　2—不同烈度
风冷的普通正火　3—淬火后不同温度回火的调质处理

4.4　等温正火的应用范围

等温正火，特别是快冷等温保持的等温正火，是对传统普通正火的革新，是一种可明显提高钢材工艺性能、力学性能的先进工艺。等温正火主要适用于下列牌号的钢材和钢件。

1. 渗碳钢锻件或热轧件

汽车、拖拉机用重要齿轮都采用低合金渗碳钢制造。这类产品，尤其是轿车，因产量大、使用的齿轮多，要求锻件切削加工性好，渗碳淬火变形小。采用普通正火处理很难保证钢件显微组织、性能的一致性，在切削加工时会经常发生崩刃、切削刃软化和渗碳淬火变形超差等问题。采用等温正火可以很好地解决普通正火的问题。目前，国内汽车行业的齿轮和齿轮轴锻件，几乎已全部采用等温正火工艺。然而，由于等温正火每一料筐装料量大，导致奥氏体化加热后风冷降温速度小而且不均匀，进入等温保持时钢件的温度不均匀，基本上都是在连续冷却时发生珠光体转变。虽然其热处理质量比普通正火好，但并未完全达到真正等温正火的效果。真正的等温正火（在等温下完成珠光体转变），还需要企业进一步推广应用。

需要指出，合金渗碳钢齿轮锻坯，采用锻热等温正火工艺，既可以节约正火工艺中奥氏体化加热的热能，又可以提高其质量，进而提高钢的切削加工性能并减小渗碳淬火变形，是今后值得推广的正火工艺。但钢件锻后必须精确控制冷却，确保先共析铁素体呈块状，而不应出现粗大魏氏组织（α-W），否则会因组织遗传使渗碳淬火钢件出现混晶（晶粒大小不均）组织，导致性能恶化。

适合这类钢件的合金渗碳钢，包括各种低合金渗碳钢，如 20CrMnTi、ASTM4320（20CrNiMo）、ASTM8620（Cr、Ni 含量低的 20CrNiMo）、16～25CrMnAl（15～25MnCr5）、20～22CrMnMo（SCM20-21）等，以及中合金渗碳钢，如 15～20Cr2Ni2、12Cr2Ni4 等。但是，不能用于高合金马氏体渗碳钢，如 20Cr2Ni4W、20Cr2Ni4Mo 等，因其过冷奥氏体发生珠光体转变需要很长时间。它们的技术要求相同，其显微组织为块状铁素体+珠光体，硬度为100～190HBW。

2. 钢丝绳钢丝深度拉拔前的线材

钢丝绳钢丝拉拔前，为了具有良好的拉拔性能和拉拔后的超高强度、韧性和柔性，需要钢材具有细珠光体（索氏体）组织，但不能有非平衡组织马氏体、贝氏体存在，为此需要进行等温正火（旧称铅淬火）。传统上，广泛采用铅浴等温（铅的熔点低、密度大，等温处理时，铅不沾钢线）。由于铅及其粉尘污染环境，对人体危害极大，国家已明令禁止使用。目前普遍采用热水（96℃）冷却、沸腾粒子炉等温以及强烈风冷，都可在连续冷却过程中发生珠光体相变。但上述方法形成的珠光体片间距不均、性能较低且不一，较难获得超高强度钢丝。

因此，我们在这里提出一种方法：钢材奥氏体化后可以先快冷控制，然后在气体介质炉中等温保持。这种等温正火工艺，可以实现真正的恒温下、在珠光体转变"鼻子"以下温区形成细珠光体和极细珠光体，并避免马氏体、贝氏体出现，从而可以提高钢材拉拔性能和最终钢丝的强度、韧性和柔性。

采用上述等温正火处理的钢丝，适用于各种硬钢丝，包括钢丝绳钢丝、钢绞线钢丝、预应力钢缆钢丝、钢筋混凝土预应力钢丝、琴钢丝等。所用钢材有 65 钢、70 钢、65Mn 钢、70Mn 钢、55 钢、50 钢、45 钢等。由于使用牌号不同，产品不同，等温正火后的力学性能不同，其抗拉强度（R_m）≥800MPa，断后伸长率（A）≥8%，显微组织均为珠光体转变产物。

3. 代替调质处理的非调质钢锻件

由于非调质钢具有节能、降耗、环保的优点，受到了机械制造企业的重视。自 1972 年问世以来，全世界各工业发达国家已经研发了近百种非调质钢牌号和标准。然而，因采用风冷-空冷两段正火处理，造成了一种钢件（有效厚度、硬度要求一定）需专用一种牌号（过冷奥氏体分解的稳定性一定），牌号过多；其过冷奥氏体稳定性差，也会使钢材合格率低，钢材成本增高。再者，钢件在连续冷却时获得的珠光体，强度不高（R_m≤1000MPa），替代调质钢件的范围减小。因此，除了产量高、生产批量大的大型汽车制造业中一些零件（如发动机连杆、曲轴等）在生产中使用非调质钢制造之外，很少使用这种钢材制造零件。

我们研发的非调质锻件锻后快冷等温正火工艺，可以使用一个牌号制造不同厚度（<100mm）、不同强度（$R_m \geq 1200\text{MPa}$）的零件，而且易于工艺控制，性能稳定，综合力学性能较高，因此是值得推广应用的先进工艺。采用这种处理方法，可以减少非调质钢牌号数量，增加可制造的钢件种类。

珠光体非调质钢为防止锻造加热奥氏体晶粒粗化，可添加抑制晶粒粗化的 V、Ti 或 Zr；为了提高过冷奥氏体稳定性可添加 Mn、Si，以及为了在较高强度下便于切削加工可添加 S。可用的牌号如中碳非调质钢有 35MnVS、35MnSiVS、48MnVS、48MnSiVS，高碳非调质钢有 70S、65VS、65CrVS 等。

第5章 钢铁的等温淬火

淬火是一种可以最大程度改变钢件性能的热处理工艺。例如，40 钢（0.4%C）正火态和淬火态的屈服强度（$R_{p0.2}$）和冲击吸收能量$^{\ominus}$（KU）如下：

淬火前（正火态）：$R_{p0.2}$ = 500MPa，KU = 125J；淬火后（淬火态）：$R_{p0.2}$ = 1300MPa，KU = 18.75J。

因此对于要求硬度、强度高的钢件，都需要进行淬火处理。但因碳含量高的钢件淬火脆性大，还需要通过回火降低硬度、强度，提高韧性。

试验研究表明，许多钢件经淬火一250~400℃回火后，其冲击吸收能量显著降低，即发生第一类回火脆性现象。40CrMn 钢淬火后回火温度对硬度和冲击吸收能量的影响如图 5-1 所示。可以看出，在 350℃回火时，冲击吸收能量最低，且这种回火脆性不能通过回火后快冷而减轻。在 550℃回火时，虽然可以提高钢件冲击吸收能量，但硬度降低、强度过大，导致使用性能降低。

如前所述，大多数工业用钢的过冷奥氏体除了在高温区发生珠光体转变以及在低温区发生马氏体转变之外，在中温区还会发生贝氏体转变。其中，下贝氏体组织具有强度高、韧性大、耐磨性强的特点，其综合力学性能与淬火中低温回火处理后相当或更高。而且，基本上不会发生回火脆性或产生显著降低回火脆化的倾向。这种钢件的过冷奥氏体在 Ms 点与 350℃之间等温保持，形成下贝氏体组织的热处理工艺称为等温淬火。因为相变是在相对较高的温度等温形成的，消除了热应力和组织应力，避免了钢件普通淬火容易出现的超差变形和开裂。

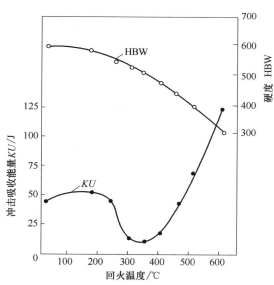

图 5-1　40CrMn 钢淬火后回火温度
对硬度和冲击吸收能量的影响

随着钢的贝氏体转变研究的深入和发展，许多高性能贝氏体形态不断被发现，针对钢材

$\ominus$ 旧称冲击韧性。

的等温淬火新工艺不断出现，但目前这些新成果都有待真正进行工业应用。

5.1 等温淬火的操作方法

等温淬火（austempering）也称为贝氏体淬火，其操作过程可分为如下几个步骤：

1）将钢件加热到普通淬火的加热温度（亚共析钢在 Ac_3 以上，共析钢及过共析钢在 Ac_1 以上），保温一定时间，使其获得比较均匀的奥氏体组织。

2）将加热奥氏体化的钢件在热浴中淬火（其温度在贝氏体转变区域），并避免在冷却过程中发生珠光体转变和产生其他组织（如 α-W、上贝氏体等）。在热浴中等温保持一定的时间，使过冷奥氏体基本上全部转变为所要求的贝氏体组织。

3）当钢件在热浴中等温保持，完全形成贝氏体之后，从热浴中取出，然后进行水冷或油冷，但通常皆采用空冷（在空气中冷却）。

4）清洗，去除钢件表面在热浴中附着的介质。

钢件等温淬火常用的工艺曲线如图 5-2 所示，包括钢件的加热、保温、热浴淬冷、等温保持和空冷几个阶段。

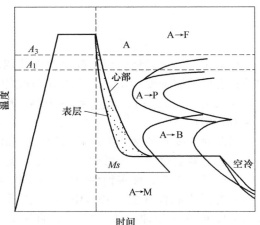

图 5-2 钢件等温淬火常用的工艺曲线

5.2 等温淬火的实施要点

1）与普通淬火相比，在许多工业用钢件的等温淬火中，将水或油的快速冷却改为在热浴中的较为缓慢的冷却。为防止钢件在冷却过程中发生珠光体转变，需要提高过冷奥氏体的稳定性。为此，应适当提高等温淬火加热温度。对于过冷奥氏体稳定性较低的碳素钢，等温淬火最佳淬火加热温度应比普通淬火提高 30~80℃，如图 5-3 所示。而且，为了获得均匀一致的贝氏体，保证有成分均匀的奥氏体是十分必要的。

2）为了加热冷却均匀，钢件等温淬火处理的装料量应较少、尺寸应较小，单件或多件应装于吊件之上，件与件之间要留有足够的间隙，不能用铁钳夹持钢件进行等温淬火。

3）由于等温淬火热浴介质温度远低于钢件奥氏体化加热温度，在连续生产的情况下，钢件最初淬入处的热浴介质温度会迅速升高，

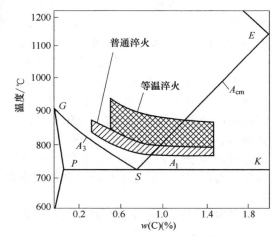

图 5-3 碳素钢件等温淬火的最佳淬火加热温度

从而影响工艺处理质量。因此，应加大热浴介质的相对运动速度，使等温温度均匀。

4）钢件等温淬火时，等温保持时间必须足够，使过冷奥氏体全部转变为贝氏体。冷至室温的显微组织为下贝氏体或下贝氏体加残留奥氏体。应避免淬火马氏体形成，导致钢件脆性增大、韧性降低。

5）一般情况下，钢件等温淬火时，只有获得下贝氏体组织才能保证钢件具有良好的性能。如果钢件要求硬度、强度不高，不宜提高等温温度（应<350℃）。因为在350℃以上会形成上贝氏体组织，在较低硬度、强度下，将使脆性增大，韧性、塑性降低。为了使钢件具有高的综合力学性能，可以采用下述两种方法进行处理。

① 钢件自奥氏体化加热后，为获得下贝氏体组织，先淬入温度较低的热浴中等温保持，使其完全转变为下贝氏体组织后，再放入另一较高温度的热浴中，使下贝氏体组织发生回火，成为回火贝氏体，以降低硬度、强度。回火温度对下贝氏体硬度的影响如图5-4所示。等温温度（回火温度）的高低、等温保持时间的长短，与钢件要求的性能有关。钢件要求硬度越低，其等温温度越高或等温保持时间越长。等温保持后，将钢件从第二个热浴中取出，在空气中冷至室温，其工艺曲线如图5-5所示。

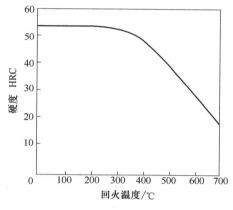

图 5-4 T10 钢下贝氏体硬度与
回火温度之间的关系

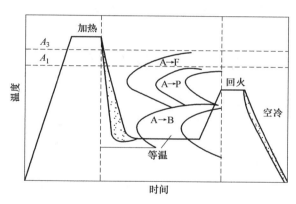

图 5-5 钢件等温淬火回火工艺曲线（一）

② 将钢件从奥氏体化加热温度，淬入温度较低的第一个热浴中，其温度低于钢件所需等温转变产物的温度，保持相当长的时间，使50%～70%的过冷奥氏体转变为下贝氏体组织，再将钢件取出置于温度较高的热浴中，保持一定的时间，促使未转变的过冷奥氏体继续转变为贝氏体，同时使在第一个热浴中形成的下贝氏体进行回火。钢件在第二个热浴中等温保持之后，取出空冷。这种处理适合过冷奥氏体在贝氏体形成温区稳定性很高的钢件，其工艺曲线如图5-6所示。对于贝氏体形成特别迟缓、等温保持几小时还不能完成相变的合金钢或者很难完全转变为贝氏体的钢，这种方法可以极大节约操作时间。

这种两段等温保温的处理方法，也可用于过冷奥氏体稳定性较小的钢件。实施等温淬火处理时，在较低温度（比 Ms 点稍高）热浴中等温保持，可以增大钢件的冷却速度，防止在冷却过程中发生珠光体转变。接着在温度较高、可形成下贝氏体组织和所要求硬度的热浴中等温保持，完全相变后取出空冷，其工艺曲线如图5-7所示。

6）钢件等温淬火工艺的等温温度取决于钢件的性能要求，硬度（40～56HRC）越高，等温温度越低。等温温度一般高于 Ms 点但低于 400℃，从而避免形成上贝氏体。钢件淬入热浴中的保持时间，包括钢件冷至热浴温度的时间和在该温度下完成下贝氏体转变的时间，前者主要受钢件有效厚度和热浴介质传热性质的影响，后者则受贝氏体形成的孕育期和完成贝氏体转变时间的影响。这两个工艺参数一般应参考所用钢的过冷奥氏体等温转变图，再通过试验加以确定。

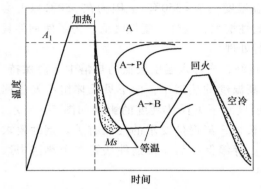

图 5-6　钢件等温淬火回火工艺曲线（二）

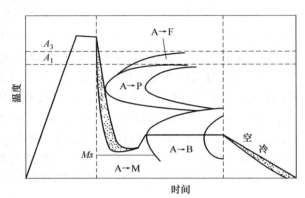

图 5-7　70 钢件两段等温淬火工艺曲线

5.3　等温淬火的操作实例

1. 普通等温淬火

工业生产中广泛使用的是如图 5-2 所示的普通等温淬火工艺，举例如下。

（1）螺钉旋具的等温淬火　螺钉旋具热处理后的端头需要具有高的硬度、强度和耐磨性，以防工作时发生塑性变形、脆断和磨损。杆部则要求具有良好的强度、弹性和韧性，以防工作时发生断裂和塑性变形。因钢件有效厚度较小，对过冷奥体稳定性要求不高，常采用 65 钢或 70 钢制造。

螺钉旋具通常采用淬火-低中温回火的热处理工艺。以 70 钢制螺钉旋具为例，其淬火加热奥氏体化温度为 800~820℃，保温后淬入水（直径≥8mm）或油（直径<8mm）中冷却，而后在 200~250℃ 回火 1.5~2h，其工艺曲线如图 5-8 所示，热处理后硬度为 52~58HRC。但是，若以上工艺处理，当硬度高于 55HRC 时，材料较脆，扭转到 10° 左右，钢件就会发生断裂。

对上述钢件采用等温淬火时，其加热奥氏体化温度仍可使用 800~820℃，经保温后淬入温度为 200~240℃ 的热浴中，等温保持 30~40min，而后取出在空气中冷却，其工艺曲线如图 5-9 所示。等温处理后的硬度为 55~58HRC，在实际使用中即使扭转到 90°，钢件的刃部、杆部没有发生断裂和明显的塑性变形。可见，70 钢经等温淬火比经淬火-回火处理有更高的弹性、塑性和韧性。

（2）套筒滚子链条零件的等温淬火　链条，尤其是承受大载荷的矿山机械用链条，要求具有高的强度、韧性、耐磨性和疲劳抗力。为了保证工作时不发生变形、断裂，增加钢件的硬度和沿长使用寿命，通常，热处理后的硬度在 40~50HRC。对于这种钢件，要求热处理后的变形很小，否则难以与链轮吻合，而且也会因受力不均降低疲劳寿命。因此，尽管钢件有效厚度较小，但仍常采用中碳合金钢制造。通常，可以采用下述两种方法进行热处理。

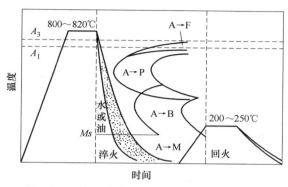

图 5-8　70 钢制螺钉旋具的淬火回火工艺曲线

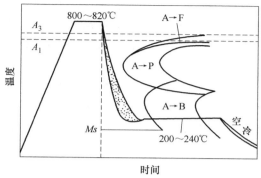

图 5-9　70 钢制螺钉旋具等温淬火工艺曲线

1）50CrNiMn 钢制链条：常采用普通淬火回火处理，其淬火加热温度为 840~860℃，保温后淬火油中冷却，而后再经 400~450℃回火处理，其工艺曲线如图 5-10 所示，热处理后的硬度为 41~46HRC。

2）65 钢制链条：采用等温淬火处理时，奥氏体化加热温度为 820~840℃，保温后，淬入 300~320℃热浴中，等温保持 30~45min，而后空冷，其工艺曲线如图 5-11 所示，等温淬火后链条的硬度在 50HRC 左右。钢件经等温淬火处理后，其硬度高出淬火回火工艺 8~9HRC，且具有较高的韧性。

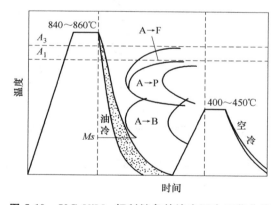

图 5-10　50CrNiMn 钢制链条的淬火回火工艺曲线

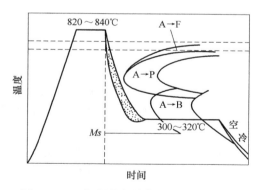

图 5-11　65 钢制链条的等温淬火工艺曲线

上述两种不同热处理的钢制链条，使用过程中磨损情况如图 5-12 所示。由图可知，在相同磨损时间内，经等温淬火的链条比经淬火回火的链条损失的质量少，而且 65 钢较 50CrNiMn 钢更为廉价。

由此可见，与淬火回火工艺相比，钢件经等温淬火处理后，既能获得相近的硬度，又具有较高的耐磨性。

（3）弹簧的等温淬火　弹簧在车辆、工具、仪器、武器等方面都有广泛的应用，其形状多种多样，有叶片状、螺旋状、人字形等。

由于弹簧工作时所受的载荷有静载荷、动载荷、冲击载荷等，失效形式有过量塑性变形

（强度不足）、脆断（韧性低）、疲劳断裂（疲劳抗力低）以及腐蚀（在腐蚀环境下，钢材抗腐蚀能力低）。在多数情况下，主要为疲劳断裂。因此，制造弹簧用钢是经热处理后能够获得高强度、高抗疲劳断裂 $w(C)=0.6\% \sim 1.0\%$ 的碳素钢和 $w(C)=0.45\% \sim 0.75\%$ 的合金钢。

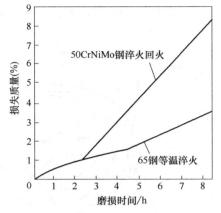

图 5-12　两种不同热处理的
钢制链条磨损情况

通常，钢制弹簧均经淬火-中温回火处理，其显微组织为回火索氏体，硬度为 300～400HBW（35～50HRC）之间。由此，钢件既具有高的强度，又无显著的脆性。

对于弹簧可否采用等温淬火处理，有的人认为，等温淬火可以减小钢件变形，提高综合力学性能，对弹簧抗失效有利；有的人则认为，等温淬火会使屈服强度降低，易发生塑性变形，对弹簧抗失效不利。对几种常用弹簧钢进行等温淬火的实验结果如下：

1）55Si2 钢叶片弹簧等温淬火。55Si2 钢叶片弹簧的等温淬火工艺曲线如图 5-13 所示。

试验表明，对比常规的油中淬火–500～525℃回火处理，55Si2 钢叶片弹簧进行合宜的等温淬火，具有较高的力学性能。经此工艺处理后，其硬度为 38～41HRC，与淬火-回火处理后的性能相似。

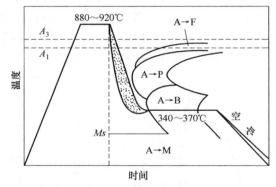

图 5-13　55Si2 钢叶片弹簧的等温淬火工艺曲线

55Si2 钢的等温淬火，在 340～370℃热浴中等温保持时间与水冷后的硬度关系见表 5-1。由表 5-1 可以看出，当等温保持时间超过 25min 时，可以获得较高的硬度（抗拉强度、屈服强度）和弹性极限。经 370℃等温淬火处理后，试样的弹性模量（E）与具

有相同硬度的淬火回火试样的弹性模量（E′）的比值 E/E′ = 4.011/3.487 = 1.15。表明等温淬火试样的弹性比功较大，有利于弹簧工作时可吸收较大的能量。

表 5-1　55Si2 钢在 340～370℃热浴中等温保持时间与水冷后的硬度关系

等温保持时间/s	0	2	5	8	13	20	30	35	40	50	60			
水冷后的硬度　HRC	61	59	59	57	54	56	57	48	48	46	47			
等温保持时间/min	2	3	5	7	10	15	20	25	30	35	60	90	120	150
水冷后的硬度　HRC	47	43	41	40	38	43	47	39	40	40	40	41	41	41

55Si2 钢叶片弹簧等温淬火的实验研究可以得出如下结论：

① 55Si2 钢叶片弹簧等温淬火后，其综合力学性能比普通淬火回火处理的高，由于截面上的显微组织比较均匀，提高了钢件的弹性、塑性、疲劳强度。

② 弹簧经等温淬火之后，可以不进行回火，而且其热处理变形较小，所以适合用于加

工铁路、公路以及其他运输车辆用的叶片弹簧。

2）60Si2 钢或 60Si2Mn 钢螺旋弹簧等温淬火。对于 60Si2 钢或 60Si2Mn 钢材且直径在 6mm 以下的冷圈弹簧，其等温淬火工艺试验结果表明，下述工艺规范效果最好。

将试样加热到 840~880℃，经保温后淬入 270℃ 热浴中，等温保持 20min，而后置于空气中冷却，其工艺曲线如图 5-14 所示。如果等温淬火的等温温度过高，弹簧不但不能保持必要的弹性（弹性极限和弹性比功），而且还会引起收缩。等温保持时间少于 20min 时，则不能保证过冷奥氏体充分分解；超过 20min 时，对钢件的弹性没有影响。这种钢等温淬火后最适宜的显微组织由下贝氏体和少量残留奥氏体构成。力学性能结果表明，60Si2 钢、60Si2Mn 钢等温淬火后的性能高于普通淬火回火处理。在塑性和冲击吸收能量相近的情况下，等温淬火的试样具有较高的抗拉强度和屈服强度。

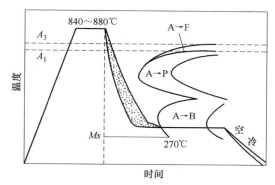

图 5-14　60Si2 钢螺旋弹簧的等温淬火工艺曲线

将钢材直径为 5mm 的螺旋弹簧，按上述等温淬火工艺处理和普通热处理方法（加热 840~860℃ 保温后油淬，再经 420~440℃ 回火）处理后，进行弹簧特性试验，其结果见表 5-2。结果表明，等温淬火后的弹簧，由于反复压紧而产生较大的压缩率，这是由于显微组织中残留奥氏体含量较高的原因。但是压紧后螺旋弹簧的压缩率没有超过 1%，低于 3% 的压缩标准，属于合格制品。

表 5-2　经不同方法热处理的 60Si2 钢螺旋弹簧的特性试验结果

特性名称	普通热处理之后	等温淬火之后
弹簧自由高度/mm	204	210
弹簧反复压紧的高度/mm	199	197~198
弹簧反复压紧后的压缩率（%）	35	6
弹簧压紧后的高度/mm	198	195~196
弹簧压紧 12h 后的压缩率（%）	0.5	0.6~1.0
标准为 800^{+80}_{-40} 的载荷/N	770~820	770~840

3）50CrV 钢螺旋弹簧的光亮等温淬火。50CrV 钢是常用优质弹簧材料之一。采用光亮等温淬火处理这种钢制的螺旋弹簧，可获得良好的性能结果。光亮等温淬火，就是钢件在盐浴炉中进行无氧化、无脱碳奥氏体转变后，取出空冷，然后进行清洗，可以得到光亮银灰色表面。这种处理不仅钢件质量高，而且省去了一系列繁重的清理工序。50CrV 钢螺旋弹簧光亮等温淬火工艺曲线如图 5-15 所示。将弹簧放在盐炉中加热至（860±10）℃，加热时间根据弹簧钢条直径尺寸，

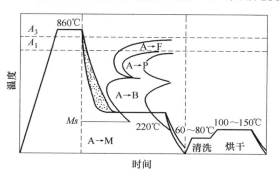

图 5-15　50CrV 钢螺旋弹簧光亮等温淬火工艺曲线

按每 1mm 直径为 2.5min 计算，保温时间按每 1mm 直径为 0.3min 计算。保温后，淬入 (220±5)℃苛性碱浴中等温保持 20~30min。等温保持时，在热浴中稍稍搅动钢件，等温后取出空冷，在 60~80℃的热水中清洗，最后在 100~150℃烘箱中烘干。

经上述等温淬火方法处理的螺旋弹簧，与经普通淬火回火处理的相比较，表面更加光洁。在反复施加载荷的弹簧试验中，试验 200h 之后等温淬火弹簧没有开裂，也没有发生残留塑性变形。

4）农牧机具耐磨件的等温淬火。长期以来，提高农牧机具特别是犁铧的耐磨性，是农业和农机制造业非常迫切的问题之一。对农牧机具耐磨件进行等温淬火，不仅可以降低制造这些机具的金属材料用量，而且会降低犁铧、中耕机锄铲的磨钝，提高其工作效率，减少牵引阻力和燃料消耗。

以高碳钢制犁铧的等温淬火为例，犁铧这类耕作农具工作时与土壤（可能含有沙砾）接触，承受土壤、沙石的磨损。为使其能够获得较高的耐磨性，通常都采用碳含量高的钢铁材料制造。T10 钢和 T12 钢制犁铧可用淬火-低中温回火处理，也可用等温淬火处理。

T10 钢和 T12 钢犁铧的普通淬火-回火工艺采用 780~800℃加热，保温后水淬，再经不同温度（170~400℃）回火，其等温淬火工艺曲线如图 5-16 所示。热处理后的硬度主要受回火温度或等温温度的影响，犁铧常用 65Mn2 钢与 T10 钢、T12 钢经不同热处理后的硬度见表 5-3。两种不同热处理规范处理后，在硬度相同的情况下，由于显微组织不同（淬火回火工艺获得回火马氏体或回火屈氏体，等温淬火获得下贝氏体），其耐磨性则不相同，如图 5-17 所示。从图中可以看出，随着钢的硬度提高，耐磨性增大；在硬度相同的情况下，等温淬火比淬火-回火处理具有更高的耐磨性，这

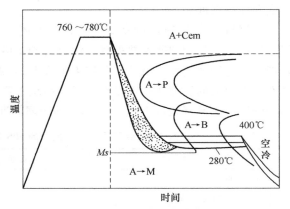

图 5-16　T10 钢和 T12 钢犁铧的等温淬火工艺曲线

是由于下贝氏体组织比回火马氏体或回火屈氏体更耐磨；在相同的显微组织和硬度情况下，T12 钢比 T10 钢耐磨，因为前者显微组织中未溶碳化物比后者多，而高硬度的粒状碳化物具有良好的抗土壤磨损能力。

表 5-3　三种钢的热处理规范对硬度的影响

热处理规范	硬度　HBW		
	T10	T12	65Mn2
780~800℃淬火→170℃回火	578~627	627	578~627
780~800℃淬火→300℃回火	514~534	540	495
780~800℃淬火→400℃回火	429	429	477
780~800℃淬火→280℃等温淬火	415	415	555
780~800℃淬火→350℃等温淬火	388	401	429
780~800℃淬火→400℃等温淬火	376	388	412

2. 改进的等温淬火

由于钢成分、钢件尺寸和技术要求不同，采用普通等温淬火方法，难以满足钢件技术（性能变形）要求，而需要使用各种改进的等温淬火工艺。

（1）预冷等温淬火　如前所述，对于用钢淬透性（过冷奥氏体稳定性）较小或有效厚度较大的钢件，为了避免在等温淬火（尤其是需要在较高温度进行等温保持）时，冷却过程中过冷奥氏体发生珠光体转变和上贝氏体转变（使硬度、强度达不到技术要求），可以采用如图 5-7 所示的两段等温淬火工艺，即钢件奥氏体化加热保温后，先淬入温度较低（冷却能力强）的热浴中，待内外温度基本一致后，再放入温度较高（可满足技术要求）的热浴中等温保持，并获得技术要求的组织和性能。这种方法称为预冷（快冷）等温淬火或升温等温淬火。

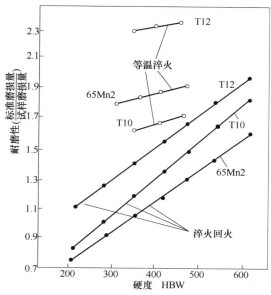

图 5-17　钢经淬火回火和等温淬火处理后的耐磨性与硬度的关系

例如，厚度为 3mm 的 55 钢制收割机刀片，采用普通淬火处理，其硬度常常达不到技术要求。为使硬度达到要求，将锰的质量分数需增高到 0.6% ~ 0.9%，但却会使脆性增大。如果采用如图 5-18 所示的工艺曲线，即先在 250℃ 热浴中冷却 30s，然后移入 320℃ 热浴中保持 30min，使其形成下贝氏体组织，可以保证得到硬度合格（48 ~ 52HRC）的刀片。

这种工艺的缺点是需要两个热浴步骤，而且第一次热浴的冷却能力有限，限制了其应用范围。钢件奥氏体化加热保温后，先在水中冷却很短时间，使钢件温度降低至等温温度附近，然而放入热浴中等温转变为贝氏体组织。这种方法在 50、50Mn、55Si2、50Cr 钢制农机具

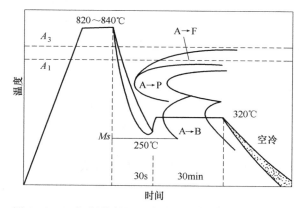

图 5-18　55 钢制收割机刀片的预冷等温淬火工艺曲线

中取得了一定成效，其工艺曲线如图 5-19 所示。不同直径钢件的推荐水冷时间见表 5-4。

表 5-4　不同直径钢件的推荐水冷时间

钢件尺寸/mm	水冷时间/s
$\phi10\times50$	8.5 ~ 40
$\phi20\times100$	17 ~ 100
$\phi30\times120$	29 ~ 150

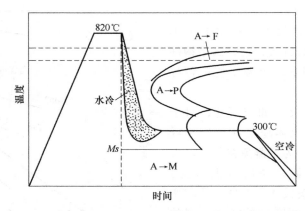

图 5-19　50、50Mn、55Si2、50Cr 钢制农机具的预冷等温淬火工艺曲线

　　ϕ30mm×120mm 钢件，在 820℃下加热保温后，进入热浴等温前的冷却时间对钢件截面温度的关系如图 5-20 所示。可以看出，在水中冷却 100s 时，钢件心部及距表面 10mm 处的温度降至等温热浴温度，而表面温度已在此前降至比 Ms 点稍低温度，形成了少量马氏体。在热浴中等温时，这些马氏体将回火形成回火马氏体，对钢件性能的影响不大。

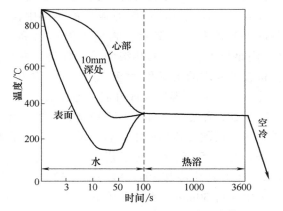

图 5-20　ϕ30mm×120mm 钢件水冷等温淬火时温度变化曲线

　　（2）预淬等温淬火　许多合金工具钢的下贝氏体转变速度很慢，完成转变的时间很长。研究表明，如果过冷奥氏体在发生贝氏体转变之前，有少量马氏体存在，会加快后续贝氏体的转变速度，缩短贝氏体转变时间。因此，可以将奥氏体化后的钢件，先淬入温度稍低于 Ms 点的热浴中，获得大约 10% 的马氏体，然后再移入 Ms 点以上温度的等温淬火热浴中进行下贝氏体转变，最后取出空冷。这种方法被称为预淬等温淬火。

　　1）9SiCr 钢丝锥的预淬等温淬火。9SiCr 钢的过冷奥氏体在 Ms 点（870℃奥氏体化后 $Ms\approx180$℃）以上 80~120℃时稳定性较高，完成贝氏体时间较长。从图 5-21 所示的工艺曲线可以看出，即先淬入 160℃等温保持 5min，而后移入 240℃热浴中等温保持 10min，即可完成贝氏体转变（图 5-21 中虚线），再空冷至室温。使用这种处理方法与直接淬入 180℃热浴中保持 45min 的普通等温淬火相比，在硬度均符合要求（≥61HRC）的情况下，不仅操作时间缩短了 3/4，而且钢件的膨胀量由 0.11% 减至 0.06%。因此，这种方法也被称为无变形等温淬火。

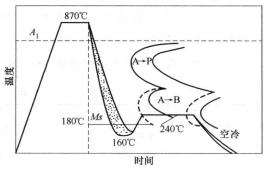

图 5-21　9SiCr 钢丝锥的预淬等温淬火工艺曲线

2）高速钢刀具的预淬等温淬火。高速钢（如 W18Cr4V 钢）制齿轮刀具要求热处理的
变形很小，如果采用如图 5-22 所示的预淬等
温淬火工艺对其减少变形是有效的。经这种
方法处理后的刀具与经普通淬火 -280℃ 等温
保持的普通等温淬火后的刀具相比，在其硬
度的合格情况下（64HRC），挠曲变形得到明
显改善。

3）CrWMn 钢磨床精密丝杠的预淬等温
淬火。CrWMn 钢磨床 $\phi34mm \times 280mm$ 精密丝
杠预淬等温淬火工艺曲线如图 5-23 所示。这
种丝杠要求硬度为 56HRC。如果采用普通淬

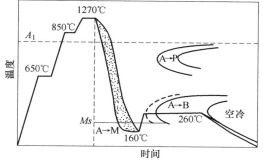

图 5-22　W18Cr4 钢刀具预淬等温淬火工艺曲线

火 - 低中温回火，正处在第一类回火脆性回火阶段，丝杠成品受撞击时易产生断裂。若降低
回火温度，将使残留奥氏体含量增高（约17%）；若提高回火温度，则丝杠硬度降低。这两
种情况均会使钢件耐磨性降低。采用普通等温淬火时，因为过冷奥氏体转变不完全，所以会
严重影响丝杠精度。

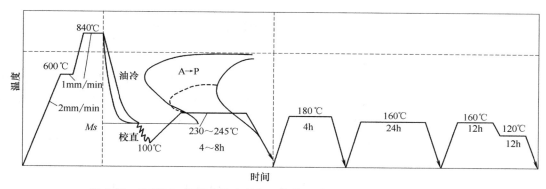

图 5-23　CrWMn 钢磨床精密丝杠预淬等温淬火、校直、回火工艺曲线

采用图 5-23 所示的预淬等温淬火，先油淬至 $160 \sim 200℃$（比 Ms 点稍高），保持良好的
塑性，进行热校直至 $80 \sim 100℃$，形成约 50% 的马氏体，置于 $230 \sim 245℃$ 热浴中等温保持，
使马氏体回火成为回火马氏体，未转变的过冷奥氏体转变为下贝氏体，并消除部分因淬火、
校直产生的内应力。处理后的多次长时间回火是为了进一步消除内应力，稳定显微组织。经
此处理后，残留奥氏体由 11% 降至 5%，冲击吸收能量提高了 1 倍以上，丝杠淬火伸长量也
有所减小。

（3）分级等温淬火　对于一些合金元素含量高的钢件，淬火奥氏体化加热温度高，而
且在珠光体转变与贝氏体转变之间有一稳定的温度区域。因此，为了减小钢件与热浴之间的
温度差，在下贝氏体转变之前，先进行一次或两次分级冷却，使热应力减小。加之等温淬火
的组织应力小，钢件不易开裂，变形很小，从而使钢件具有良好的强度、韧性和塑性配合，
这种热处理方法称为分级等温淬火。

高速钢（W18Cr4V、W6Mo5Cr4V2 等）制的精密工具，如中心钻、蜗轮滚刀、切线平
板牙、滚丝模、冲压模、拉刀等，采用如图 5-24 所示的工艺处理后，钢件不仅变形小，而

且强度、韧性以及使用性能均得到了提高，大幅度减少了使用中断裂、崩刃等现象的发生。对于形状复杂的大型刀具（如模数 $m>15$ 的铣刀、滚刀厚度>100mm 的带孔刀具），采用上述分级等温淬火后，在第一次 560℃ 回火的冷却过程前，于 240~280℃ 保持 2~4h，使残留奥氏体继续转变为贝氏体（二次贝氏体），最后再进行三次回火，以使钢件发生二次硬化和减少残留奥氏体含量。之所以采用 3~4 次 560℃ 回火，是因为等温淬火后钢中含有较多（>30%）的残留奥氏体。

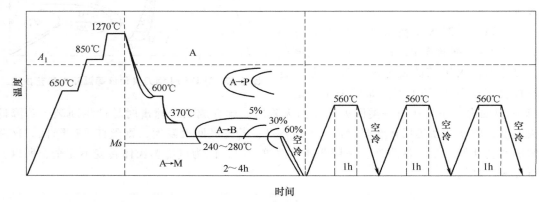

图 5-24　W18Cr4V 高速钢的分级等温淬火工艺曲线

3. 超级贝氏体低温等温淬火

提高结构材料的强度、韧性，是实现机械轻量化、节能化和环保化的重要前提。研究表明，在低合金钢中具有超级贝氏体组织，可以获得此前工业用钢很难达到的高强度、高韧性。这种超级贝氏体，因其在低温形成，又被称为低温贝氏体、硬贝氏体、低温强贝氏体、高强度无碳化物贝氏体以及纳米贝氏体。因为其力学性能优异，所以常被称为超级贝氏体。

虽然目前对超级贝氏体尚无公认的统一定义，但基本上都认为其基本组成为贝氏体铁素体（BF）加残留奥氏体（A_R），其中 BF 为下贝氏体针片状形貌，A_R 呈膜状，两者都处于纳米尺寸范围。其在 OM 和 SEM 下的显微组织如图 5-25 所示。

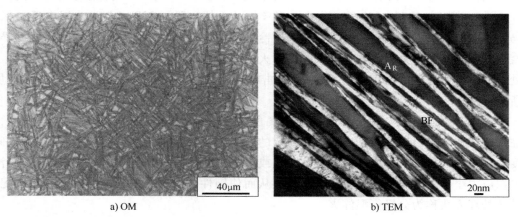

a) OM　　　　　　　　　b) TEM

图 5-25　含 Si 高碳钢（质量分数：0.98%C-1.46%Si-1.89%Mn-1.26%Cr-0.26%Mo）

低温形成的超级贝氏体（B_{sup}）显微组织

这类钢等温淬火后的 X 射线衍射图如图 5-26 所示。可以看出在 55°~115°范围内，只有 α（BF）峰和 γ（A_R）峰。

为了提高这种 B_{sup} 的强度，必须在低温下形成贝氏体，使 BF 中的碳含量增高 $[w(C) = 0.20\% \sim 0.30\%]$。为了提高其韧性，除了不允许有硬脆片状、断条状碳化物存在，还应使其中 A_R 的 Ms 点在 $-20 \sim 0$℃之间，使其在常温下具有良好的 TRIP 效应。钢中添加抑制碳化物析出元素（如 Si、Co 等），可防止在贝氏体形成时有碳化物析出；添加 Mn、Cr、Mo（包括 Si）可提高过冷奥氏体稳定性，防止在等温淬火时形成珠光体转变产物和上贝氏体。典型的超级贝氏体钢 90Si2MnCrMo 钢的低温等温淬火工艺曲线如图 5-27 所示。

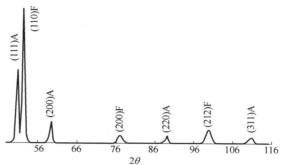

图 5-26　含 Si 高碳钢（质量分数：0.91%C-1.58%Si-1.98%Mn-0.06%Ni-0.25%Mo-1.12%Cr-1.37%Co-0.53%Al）经 900℃加热后 200℃等温保持 72h 空冷后的 X 射线衍射图

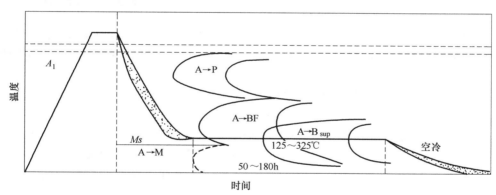

图 5-27　90Si2MnCrMo 钢经 900℃加热后 125~325℃长时间等温淬火工艺曲线

这种钢经上述工艺处理后，获得了纳米尺寸的 B_{sup} 组织，硬度为 600~670HV，抗拉强度 $R_m = 2500\text{MPa}$，断后伸长率 $A \geqslant 5\%$，断裂韧度 $K_{IC} = 30 \sim 40\text{MPa} \cdot \text{m}^{1/2}$。如此优异的力学性能，引起了材料学界的广泛关注。

然而，这种先进的工艺技术，并未得到工业应用，甚至没有形成一个工业用牌号和等温淬火规范，其原因主要有如下几点：

① 等温使用的热浴（低熔点熔盐或金属）污染环境。

② 等温保持时间太长。

③ 含有较多的残留奥氏体（A_R），稳定性较低，钢件在工作时会发生转变导致其尺寸和性能变化。

我们的研究得出，钢件加热奥氏体化后，先在水基介质中冷至等温温度左右，再置于空气介质炉中保持，可以避免熔盐（金属）污染环境，而且可以防止冷却过程中发生过冷奥氏体分解。

采用预淬等温淬火可以缩短等温保持时间，对 55Si2MnCr 钢采用如图 5-28 所示的工艺曲线处理，即先预淬至 180℃，再置于 220℃ 的炉中等温保持 10h，最后空冷，即可获得含有 B_{sup} 的多相显微组织（图 5-29），抗拉强度 $R_m = 2200MPa$。等温时间过短，室温下会含有少量淬火马氏体；等温时间过长，A_R 数量减少，其 Ms 点过低，TRIP 效应减弱。上述两种情况均会使钢件强度降低、韧性减小。

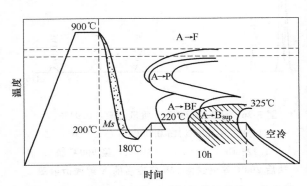

图 5-28　55Si2MnCr 钢的预淬低温等温淬火工艺曲线

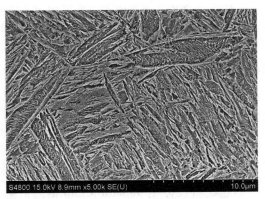

图 5-29　55Si2MnCr 钢预淬低温等温淬火后获得的 SEM 显微组织

提高 B_{sup} 等温淬火后钢中的 A_R 稳定性，可采用热稳定化处理，即在 Ms 点以下温度缓冷或等温，使 A_R 转变成为马氏体的温度降低（降至 -40℃）。但还要保持其机械稳定性不能太高，以使钢件具有较好的 TRIP 效应。

4. 低碳 Si-Mn 型 TRIP 钢的等温淬火

为了实现汽车的轻量化，超轻钢制汽车的研究目标即为减重。例如，欧洲 C 级车减轻 16.7%，北美 PMGV 车减轻 29.6%，每千米 CO_2 排放量 <140g。在减轻汽车质量、提高效率、降低能耗、减少碳排放的前提下，满足最新的更为严格的碰撞标准要求，实现安全的重要技术措施就是要提高车体材料的强度和韧性。强度和韧性较高的钢材就是低碳 Si-Mn 型 TRIP 钢。

最初研究的 TRIP 钢是高合金钢，其奥氏体可利用应力促发或应变诱发马氏体转变，在较高强度的基础上，提高塑性和韧性。由于高合金钢的价格高，加上热处理工艺复杂，除了某些特殊情况，工业上已很少使用。

低碳 Si-Mn 系 TRIP 钢中的 Si 可抑制碳化物析出，使等温淬火形成的贝氏体为（BF+A_R）。其中 A_R 具有 TRIP 效应，可提高钢材的强度、塑性和韧性。因为这类钢用于汽车车体制造，良好的冲压成型性显得十分重要，所以其碳含量较低。然而，为了有较多 A_R 产生，采用两相（A+F）区加热，使钢材加热后钢中的组成相为（40%~50%F）+（40%~50%A），其中 A 中的碳的质量分数提高至 0.5%。

目前，工业上使用的低碳 Si-Mn 系 TRIP 钢，其化学成分（质量分数）为：0.15%~0.24%C，1.0%~2.0%Si，1.0%~2.0%Mn，0.01%~0.15%Al。采用如图 5-30 所示的工艺曲线可获得 F+（BF+A_R）组织。图中 1 为加热到 A_1 以上及 A_3 以下双相区奥氏体化；2 为利用轧制余热冷至 A_3 以下及 A_1 以上温度保持，使其获得 F+A 组织。两者都通过加热温度来控制 F 与 A 相对体积分量，而后快冷到 300~400℃ 等温保持 1~3h，使其中 A 转变为 B_{sup}（BF+A_R），而后空冷至室温。20Si2Mn2 钢的显微组织如图 5-31 所示。其中黑色部分为未溶铁素体，白色和灰色部分为 B_{sup}（BF+A_R），也有少量在等温过程中未转变的奥氏体冷却时形成 A_R，A_R 总量为 8%~15%，并具有 TRIP 效应。

目前工业用低碳 Si-Mn 系 TRIP 钢主要为汽车钢板，包括两个型号，即 TRIP600 和 TRIP800，其抗拉强度分别为 600MPa 和 800MPa。因为这类钢材含有较多的 F、无硬脆相（碳化物、中高碳淬火马氏体），且 A_R 还具有 TRIP 效应，所以塑性较高，适合冷塑性变形成形。

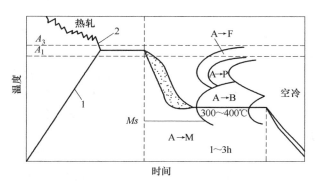

图 5-30　低碳 Si-Mn 系 TRIP 钢等温淬火操作工艺曲线

1—双相区加热　2—利用轧制余热

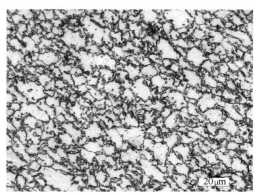

图 5-31　20Si2Mn2 钢两相区加热
等温淬火的显微组织

5. Q-P、Q-P-A 和 Q-P-T 热处理

Q-P（quenching and partitioning）热处理，即淬火-碳分配热处理，是一种新的钢件强韧化工艺。它是在含抑制碳化物形成元素（如 Si、Co、Al 等）的钢中，通过淬火碳分配工艺处理，使其室温下的显微组织为比淬火马氏体（M）碳含量低的减碳马氏体（M_{-C}）和残留奥氏体（A_R），不含硬脆相（如碳化物、中高碳马氏体），也不含软质相先共析铁素体和强度不高的珠光体。含 Si 中高碳钢 Q-P 热处理工艺曲线和相变显微组织如图 5-32 所示。

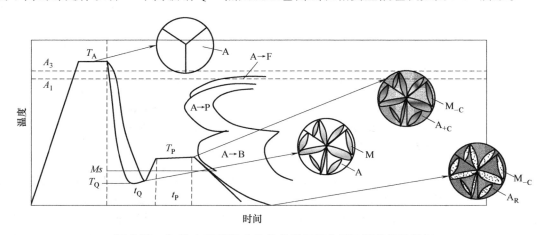

图 5-32　含 Si 中高碳钢 Q-P 热处理工艺曲线及相变显微组织

该工艺首先将钢件加热奥氏体（A）化，而后快速冷却（避免珠光体转变发生）至 Ms 点以下某一温度（T_Q），停留一定时间（t_Q）（钢件内外温度均匀即可），形成一定数量马

氏体（M），而后放入 Ms 点稍高某一分配温度（T_P），保持一定时间（t_P），使已形成的马氏体中过饱和碳脱溶并扩散进入周围的奥氏体中（此为碳的分配），即 $M \rightarrow M_{-C} + [C]$，$[C] + A \rightarrow A_{+C}$。再冷至室温，因其中的富碳奥氏体 A_{+C} 的 Ms 点已降至室温以下，所以室温下的显微组织为 $M_{-C} + A_R$。

工艺参数 T_Q 控制 M 数量，$\Delta T_Q = Ms - T_Q$，随着 T_Q 降低，ΔT_Q 增大，M 增多。T_P 控制 M_{-C} 的碳含量，随着 T_P 增大，M_{-C} 的碳含量降低，A_{+C} 的碳含量增加。为了使 A_{+C} 的 Ms 点降至 $0 \sim 20℃$（具有良好的 TRIP 效应），必须将钢的成分和 T_Q、T_P 及 t_P 密切配合，才能达到目的。

30Si2MnAl［质量分数（%）：0.29C，1.47Si，1.49Mn，0.26Al，微量（Nb+Ti）］钢，900℃ 加热奥氏体化（$Ms = 380℃$），分别淬入 200℃、250℃、300℃ 热溶中碳分配 5min，水冷到室温（称为"一步 Q-P 法"）以及从 900℃ 淬入 200℃ 热浴中保温 20s，然后放入 350℃、400℃、450℃ 热浴中分别进行 2min 和 5min 碳分配，再水冷至室温（称为"两步 Q-P 法"）。试样的力学性能如图 5-33 和图 5-34 所示，不同碳分配时间对力学性能的影响如图 5-35 所示。这些工艺参数对力学性能的影响，都与室温下显微组织中 M_{-C} 的数量、碳含量、A_R 性质及是否含有 M_{+C}（$A_{+C} \rightarrow M_{+C}$）、碳化物有关。而且，图中所有的工艺参数是否获得了最佳（综合力学性能最高）的显微组织组成相和形态，也不得而知。因此，为了使 Q-P 热处理钢件获得优异的综合力学性能，工艺参数必须精心设计，并通过试验使其获得 $M_{-C} + A_R$ 组织，且 A_R 具有良好的 TRIP 效应。

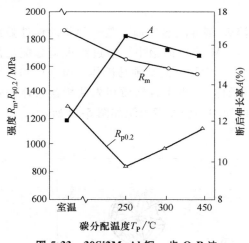

图 5-33　30Si2MnAl 钢一步 Q-P 法
的 T_P 对力学性能的影响

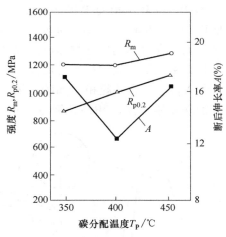

图 5-34　30Si2MnAl 钢两步 Q-P 法
的 T_P 对力学性能的影响

为了防止 Q-P 配分保持后出现未转变奥氏体的碳含量不够高，导致 Ms 点高于室温，空冷时有部分 $A_{+C} \rightarrow M_{+C}$，出现硬脆相 M_{+C} 造成性能恶化。可以适当延长碳分配时间，使奥氏体转变为贝氏体，未转变的奥氏体碳含量增高，Ms 点降低至室温以下，而成为具有良好 TRIP 效应的 A_R，这种方法称为淬火-碳分配-等温（quenching-partitioning-austempering，Q-P-A）热处理。其工艺曲线与图 5-28 所示的预淬等温淬火相似，只是预淬温度较低，预淬时形成的马氏体数量较多。

如果，经 Q-P-A 热处理后形成的贝氏体是超级贝氏体 B_{sup}，其显微组织为多相结构包括

$M_{-C}+A_R+(BF+A_R)$。与 Q-P 热处理后的 $M_{-C}+A_R$ 相比，其强度相似，而韧性、塑性更高。

对于 $w(Si)\leqslant 1.0\%$，含有微量碳化物形成元素（如 Cr、Mo、V、Nb 等）的钢件，在 Q-P 热处理时，T_P 温度下预淬形成的 M，除了发生碳的脱溶和扩散进入 A 之外，部分 M 发生了回火，即 $M\rightarrow\vec{a}_{0.25\%C}+M_xC$，因此这种热处理方法称为淬火-碳分配-回火（Q-P-T）热处理。经这种热处理后的显微组织为 $M_{-C}+A_R+$碳化物，其中的碳化物具有弥散强化的作用，因此，对于中高碳钢（如 9SiCr、9SiCrV 等），钢件的抗拉强度可以达到 2000MPa 以上。

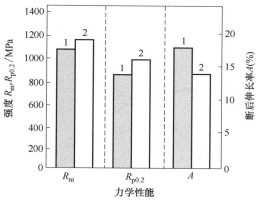

图 5-35　30Si2MnAl 钢两步 Q-P 法（$T_P=400℃$）不同碳分配时间对力学性能的影响

1—$t_P=2min$　2—$t_P=2\sim 5min$

6. 奥贝球墨铸铁的等温淬火

奥贝球墨铸铁又称为等温淬火球墨铸铁（austempered ductile iron，ADI），是近几十年发展起来的新一代结构材料，被誉为材料领域的高科技产品。ADI 之所以具有较为优越的力学性能与其特有的基体显微组织奥氏体+针状铁素体（实质为 $BF+A_R$）密切相关。

球墨铸铁是一种高 Si 的 Fe-C 合金，$w(Si)=2.5\%\sim 3.5\%$，$w(C)=3.0\%\sim 3.7\%$。铸造成形后，除了球状石墨（具有减摩、吸振作用）之外，基体与钢相似，其碳含量可以通过奥氏体化加热保温参数加以控制。目前工业上奥贝球墨铸铁采用的等温淬火工艺曲线如图 5-36 所示。即奥氏体化后［A 中的 $w(C)=0.6\%\sim 0.8\%$］，淬入 $280\sim 400℃$ 热浴中等温保持 $1\sim 3h$，而后取出空冷至室温。由图 5-37 所示的等温温度对奥贝球墨铸铁力学性能的影响可以看出，在等温保持后，过冷奥氏体并未完全转变为贝氏体；当等温时间一定（如 1.5h），等温温度低于 350℃时或高于 350℃时，转变不完全程度加大，淬火马氏体形成量增多，硬度增高，脆性增大，韧性、塑性降低。等温温度对疲劳强度的影响如图 5-38 所示，

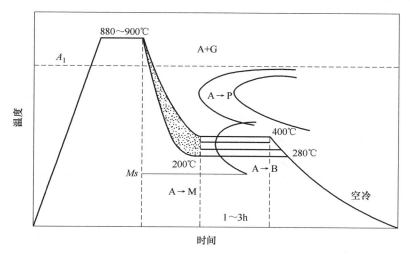

图 5-36　工业用奥贝球墨铸铁等温淬火工艺曲线

可以看出等温温度在350℃左右出现峰值。在低于350℃时，随着等温温度降低，疲劳强度迅速降低；高于350℃时，疲劳强度随着等温度的升高而降低，而且数值波动较大，这与显微组织中硬脆淬火马氏体含量和分布有一定的关系。

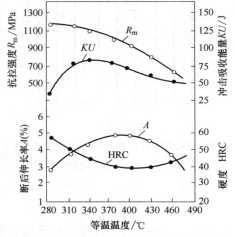

图 5-37　等温温度对奥贝球墨铸铁力学
性能的影响（等温保持时间为90min）

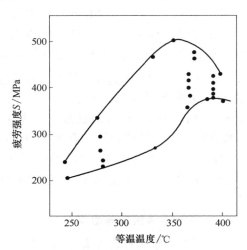

图 5-38　奥贝球墨铸铁的等温
温度对疲劳强度的影响

工业用奥贝球墨铸铁等温淬火工艺参数与力学性能的关系见表5-5。表中试样的化学成分（质量分数）为：3.6%～3.65%C，2.50%～2.60%Si，0.25%～0.30%Mn，0.04%～0.06%Mg，铸件尺寸为200mm×200mm×12.5mm，显微组织为60%珠光体+40%铁素体，石墨球化率为90%。

表 5-5　工业用奥贝球墨铸铁等温淬火工艺参数与力学性能的关系

级别	奥氏体化参数		等温处理工艺参数		力学性能				
	温度/℃	时间/h	温度/℃	时间/h	R_m/MPa	$R_{p0.2}$/MPa	A(%)	KU/J	硬度　HBW
1	885	1.67	357	1.2	1089	827	11	159	292
2	885	4	329	2	1169	841	10.5	148	301
3	885	4	313	2.5	1345	1041	7	120	357
4	885	4	293	2.5	1427	1200	3.5	91	388
5	885	4	271	2.5	1469	1267	3	48	404

美国及欧洲的奥贝球墨铸铁力学性能标准见表5-6和表5-7。可以看出，目前世界各国奥贝球墨铸铁力学性能中标准的强度与钢材相比，处于中等水平，与其基体成分相近、低温等温淬火处理的超级贝氏体钢的强度相差甚远。

表 5-6　美国 ADI 力学性能标准

级别	R_m/MPa	$R_{p0.2}$/MPa	A(%)	KU/J	硬度　HBW
1	>900	≥650	9	125	269～341
2	>1050	≥750	7	100	302～375
3	>1200	≥850	4	56	341～444
4	>1400	≥1100	2	44	385～477
5	>1600	≥1300	1	25	402～512

表 5-7　欧洲 ADI 力学性能标准

材料符号		R_m/MPa	$R_{p0.2}$/MPa	A(%)	硬度　HBW
EV-GJS	EN-JSI				
800-8	1100	≥800	≥500	8	260~320
1000-5	1110	≥1000	≥700	5	300~360
1200-2	1120	≥1200	≥850	2	340~440
1400-1	1130	≥1400	≥1100	1	380~480

奥贝球墨铸铁的疲劳强度高低是能否制造重要零件的重要指标。如前所述，奥贝球墨铸铁的疲劳强度不仅较低（$S<500MPa$），而且还会在强度较高的情况下，出现疲劳强度降低的反常规律，其原因值得深入研讨。

根据超高强度和高韧性的研究成果，改进奥贝球墨铸铁等温淬火工艺是提高其力学性能，尤其是疲劳强度的途径之一。我们对奥贝球墨铸铁采用如图 5-39 所示的 Q-P-A 工艺，即奥氏体化加热后，快冷至 Ms 点（200℃）以下 160℃ 短时保温，而后在 220℃ 等温保持 4h，最后空冷至室温。其显微组织为 M_{-C}（15%）+ BF（70%）+ A_R（15%）。有时，还有少量（约 5%）的上贝氏体无碳化物贝氏体存在，如图 5-40 所示。

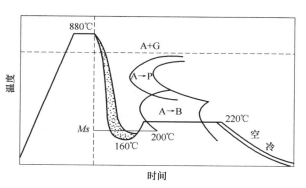

图 5-39　奥贝球墨铸铁 Q-P-A 工艺曲线

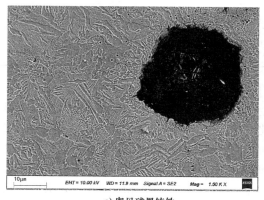

a) 奥贝球墨铸铁

b) M_{-C} 及其周围区域

图 5-40　按图 5-39 工艺处理后的 SEM 显微组织

由于这种显微组织中 M_{-C} 和 BF 中碳饱和度较高，而且为韧性和塑性高的 A_R 所包裹，无硬脆相（碳化物、淬火马氏体）存在，所以具有很高的强度（$R_m = 1600MPa$）和良好的塑性（$A=3\%$），疲劳强度也高（循环次数为 2.5 万次时，$S=600MPa$）。当然，是否可以获得更高力学性能的等温淬火工艺，尚待进一步探索。

5.4　等温淬火的应用范围

由于传统的等温淬火是将钢件在热浴中冷却，其冷却能力远较普通淬火常用介质水、油差。为了保证钢件的冷却速度大于用钢的临界淬火速度（避免发生珠光体转变），对于碳素钢、低合金钢件，由于钢的临界淬火速度较小，其尺寸（有效厚度）不宜过大，否则在淬冷过程中会发生珠光体转变，无法获得高强度、良好韧性。对于中、高合金钢件，由于钢的临界淬火速度较大，故可允许钢件具有较大的尺寸（有效厚度）。

适合应用等温淬火的有：第一类回火脆性的钢件尺寸较大且具有第二类回火脆的钢件（如 35CrMnSi、40CrMnMo 等），但更适合处理高碳钢，尤其是高碳合金钢件。钢中碳的质量分数在 0.6% 左右为宜。

等温淬火还适宜处理要求硬度在某一范围的钢件。对于不同成分的钢，通常具有不同的等温温度和硬度范围。一般来说，钢件硬度在 48～58HRC 最为合适。钢件等温淬火后的硬度，如果高于或低于这一数值范围，可能会使其综合力学性能低于普通淬火回火处理的钢件。

几种常用牌号钢件进行等温淬火时，钢件的最大有效厚度和最高硬度见表 5-8。

表 5-8　几种牌号钢件等温淬火的最高硬度和最大有效厚度数值

牌号	主要化学成分（质量分数，%）					最高硬度 HRC	最大有效厚度/mm
	C	Mn	Cr	Ni	Mo		
T10	0.95～1.05	0.3～0.5	—	—	—	57～60	≈4
T10Mn	0.95～1.05	0.6～0.9	—	—	—	57～65	≈5
65	0.6～0.7	0.6～0.9	—	—	—	53～56	≈5
65Mn	0.6～0.7	1.2～2.0	—	—	—	53～56	≈6
70MnMo	0.65～0.75	0.75～0.95	—	—	≈0.25	53～56	≈16
50CrMnMo	0.45～0.55	0.6～0.9	0.6～1.1	—	0.15～0.25	≈52	≈13
65CrNiMo	0.6～0.7	0.5～0.8	0.5～0.8	1.5～2.0	0.3～0.4	≈54	>25

钢件经等温淬火处理后的显微组织一般为下贝氏体组织，包括（BF+Cem）、（BF+A_R）和（M_{-C}+BF+A_R），硬度、强度高，韧性也好。与普通淬火回火高碳钢件相比，无淬火显微裂纹（针片状淬火马氏体相互撞击断裂），因此防振、耐磨性能较好。等温淬火可以用来处理锹、铲、针、錾子、丁字镐、各种利刃、摩擦片、各种弹簧以及抗振、耐磨的钢件。

由于钢件等温淬火产生的内应力很小，处理后发生弯曲变形、体积胀大变形超差和开裂的可能性很小，钢件热处理前后的尺寸变化也小，故适宜处理形状比较复杂，要求尺寸精确的钢件，如各种冷热冲模、成形刀具以及精密丝杠等。

枪、炮上的许多重要零件，在工作时所承受的载荷大且复杂，既要求具有较高的硬度、强度和耐磨性，又要求具有较高的韧性、塑性和疲劳强度。例如，自动手枪中一滑动件，采用 60 钢制成，如果经普通淬火回火处理获得 58～63HRC 硬度时，其韧性达不到通过扭转90°试验的技术要求；如果采用等温淬火，在硬度与普通淬火回火相同的情况下，则可以扭转 360°，而不发生塑性变形和断裂。自动手枪另一滑动件，经普通淬火回火处理，只能打5000 发子弹即失效；采用等温淬火处理，至少能打 35000 发子弹。大炮的导火管，也常用等温淬火（等温淬火回火）方法代替调质（淬火-高温回火）处理，结果既可以满足技术要求，又可以节省操作时间，而且热处理后的变形小。

此外，许多大型机器中重要零件（如汽轮机、水压机、发电机等）的主轴，采用合金结构钢（如 35Cr2Ni3Mo、40CrNi2Si2MoV 等）制造。这类零件通常需要进行调质（淬火-高温回火）处理，淬火时容易发生弯曲变形超差，甚至开裂。鉴于这类钢的合金度比较高，过冷奥氏体比较稳定，也可采用等温淬火-回火的方法来处理。

球墨铸铁经等温淬火制成的奥贝球墨铸铁件具有优异的力学性能，目前已用来代替钢材制造汽车发动机的凸轮轴和曲轴。如果等温淬火工艺，按超级贝氏体钢等温淬火工艺来实施，可以大幅提高强度、韧性和疲劳抗力，可望代替合金钢渗碳淬火回火的汽车后桥伞齿轮，甚至变速箱齿轮，进而大幅度降低生产成本，减轻重量（奥贝球墨铸铁的密度小于钢），提高吸振能力、降低噪声（奥贝球墨铸铁中石墨的作用）。

然而，等温淬火与普通淬火相比，操作比较麻烦、所需设备较多、生产作业面积较大。而且，由于等温淬火淬入热浴中的等温时间长，生产周期长，因而不太适于大量或大批量生产。热浴所用的介质（低熔点金属、盐类）对环境会产生污染，也是其进行工业应用的一大障碍。这些问题都应该在今后的实际生产中加以研究和解决。

第6章　钢铁的分级淬火

为了具备高的硬度、强度和耐磨性，钢铁制造的机械零件或工具通常要进行淬火以获得马氏体组织，即工业常用钢件在淬火时都必须进行激烈的冷却。对于碳素钢件，一般需用水冷，导致淬冷时钢件各部位冷却不均，收缩不一，而产生热应力；马氏体形成时体积增大先后顺序不同，会产生组织应力，这两种内应力会导致钢件严重的超差变形和开裂。对于合金钢件，虽然一般可以采用油淬（冷却烈度较水要小），但仍然会产生较大的内应力，也会导致一些钢件出现同样问题。实际生产证明，无论是碳素钢还是合金钢件，都可采用分级淬火的处理工艺，可将淬火超差变形和开裂降低到较小的程度。

6.1　分级淬火的操作方法

分级淬火也称为热浴淬火或马氏体回火（martempering）。分级淬火还可分为一次分级淬火和多次分级淬火，其工艺曲线如图6-1所示，操作过程大致可分为以下三个步骤：

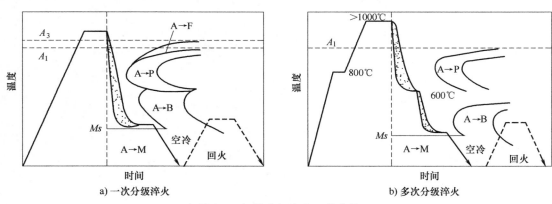

a) 一次分级淬火　　　　b) 多次分级淬火

图 6-1　钢铁分级淬火工艺曲线

1）将钢件加热到淬火加热温度（亚共析钢在 Ac_3 以上，共析钢和过共析钢在 Ac_1 以上，A_{cm} 以下）保温，使其获得比较均匀的奥氏体组织。其工艺参数基本可参考普通淬火数据。

2）将奥氏体化的钢件，淬入过冷奥氏体比较稳定的温区（一段或多段）热浴中等温保持一定时间，使其内外（各处）温度基本一致，而且必须保证过冷奥氏体不发生任何分解。

3）将经分级等温保持后，使各处温度皆接近热浴温度的钢件取出，在空气中冷却至室温，使过冷奥氏体在空冷过程中发生马氏体转变，室温下的显微组织为马氏体和少量残留奥氏体。

这种热处理方法，既可以保证钢件获得高的硬度，又可以避免钢件淬火开裂，不发生或很少发生超差变形，减小脆性，提高韧性和塑性。当然，根据钢件技术要求还必须进行不同温度的回火处理。

分级淬火可以使钢件避免开裂、减小变形，主要是因为在 Ms 点以上温度进行分级等温保持时，各处温度基本一致，消除了钢件各处由于冷却收缩不一致所引起的热应力。又因为随后发生马氏体转变（体积胀大）是在冷却速度缓慢的空气中进行的，所以其组织应力也比较小，所产生的内应力不大，故最大限度地减小了钢件变形和开裂的可能性。

6.2　分级淬火的操作要点

为了使钢件在分级淬火后获得良好的性能和质量，其操作过程应该注意如下操作要点。

1. 钢件奥氏体化加热要点

钢件分级淬火的奥氏体加热温度，一般可以沿用普通淬火加热温度。如果用钢的过冷奥氏体稳定性较小或者钢件有效厚度较大时，钢件在热浴中的冷却能力较小，冷却时可能会降到这种钢的过冷奥氏体转变曲线中的珠光体或贝氏体转变的"鼻子"（温度），形成部分珠光体或贝氏体。故在选择加热温度时，应在保证奥氏体晶粒不至于太粗大的情况下（以免降低淬火后钢的韧性），适当提高加热温度，使碳化物充分溶解，奥氏体成分均匀，过冷奥氏体的稳定性增大，避免在冷却时发生分解。

如果钢件是由过冷奥氏体稳定性较差的碳素钢（碳素结构钢、碳素工具钢）制成，为了使分级淬火时能够获得马氏体组织，有时需要牺牲部分冲击吸收能量来提高其淬火加热温度。因此，这个温度常较普通淬火高出 $30 \sim 50$℃，即 A_3 或 $A_1 + (60 \sim 100)$℃。

钢件加热时，需要做到加热均匀，避免因加热不均（膨胀不一）而产生不均衡内应力，引起钢件变形。

钢件在加热过程中，还应避免发生表面氧化、脱碳。因为钢件表面如果有氧化皮形成，其导热性降低，在热浴中的冷却速度减小，容易发生过冷奥氏体分解。如果发生表面脱碳（表层碳含量降低），过冷奥氏体稳定性减小，很容易发生非马氏体转变，无法得到良好的性能。

2. 钢件分级冷却要点

钢件分级淬火冷却时，热量是以传导方式从内部传到表面，再由表面传给热浴淬火介质，然后由淬火介质相互流动，由高温向较低温度传递，最终将热量散失到空气中。

钢件的冷却速度，与钢件形状、尺寸和钢的导热系数有关，也受热浴介质的性质、数量、使用温度和流动情况的影响。钢的成分、钢件的形状和尺寸一定时，其冷却速度取决于热浴介质的性质、数量、使用温度和流动情况。

为了避免钢件在 Ms 点以上温度发生珠光体或贝氏体转变，要求分级淬火热浴介质具有低的熔点（低于分级保持温度）和较大的冷却能力和化学稳定性。一般可以使用低熔点铅、铋合金（因污染环境，在一般情况下已禁止使用）、硝酸盐和亚硝酸盐及其混合盐、氢氧化钠和氢氧化钾的混合碱。关于这些热浴淬火介质及其配方，将在后面章节介绍。

必须注意，分级淬火热浴介质的体积需远远大于每一次淬入热浴中钢件的体积，一般应不小于100：1，以免钢件淬入后热浴介质迅速升温。这样既会降低冷却速度，又会使介质气化污染环境。

分级淬火分级保持的温度，应该选择在用钢的过冷奥氏体比较稳定的温度区域之内。分级保持热浴温度的高低，与钢件的冷却速度以及在冷却过程中产生的内应力大小，都有一定的关系。提高分级热浴温度，可以减小钢件与分级热浴介质的温度差，而使其在冷却过程中所产生的热应力减小。但是分级热浴温度升高，将使钢件的冷却速度减小，进而会增大随后空冷时的内应力（热应力与组织应力），造成较大变形。

如果钢的奥氏体化加热温度比较高，过冷奥氏体稳定性较大，分级温度可以较高，甚至采用多次分级等温保持。反之，如果用钢的过冷奥氏体稳定性较低，当奥氏体化加热温度较低时，分级温度可以降低。对于碳素钢及低合金钢制的钢件，一般可以选用 Ms 点以上 10～20℃的温度来分级保持。

钢件在 Ms 点以上温度保持是为了使钢件各处的温度均匀一致，其保持时间不宜太短，否则就不能有效地消除热应力（钢件各处温度尚未一致时，其热应力就难以消除）。这样，钢件在随后的冷却过程中，发生变形的可能性就会增大。停留时间也不宜过长，否则不仅浪费工时，而且有非马氏体组织（如贝氏体）形成，难以满足高硬度的技术要求。

如果钢件在分级热浴中的各部位温度尚未均匀一致，冷却慢的部位就会发生非马氏体转变，在这种情况下，宁可让其残留一定的热应力，也必须保证钢件获得马氏体组织。因此，应该立即将钢件从热浴中取出进行空冷。

钢件在热浴中分级停留的时间，根据所用钢的化学成分、尺寸和分级温度而定。一般分级温度增高，保持时间缩短；钢件厚度越大，保持时间越长。而且需要根据所用钢的过冷奥氏体等温转变图来确定，以避免发生过冷奥氏体分解。

例如，中碳镍锰钼钢（42MnNi2Mo）件的分级淬火加热温度为850℃，在不同温度的盐浴中进行分级保持时，球形钢件的直径大小与等温时间的关系见表6-1。在成批生产中，为了使分级淬火各工序之间节拍相互配合，钢件在盐浴中的分级保持时间，常常等于钢件分级淬火的加热和保温时间。

表 6-1　42MnNi2Mo 球形钢件在不同盐浴温度下的等温时间与钢件直径的关系

钢件直径/mm	不同盐浴温度下的等温时间/min		
	200℃	250℃	300℃
25	5	4	3.5
100	8	7	6
125	13.5	125	11.5

3. 分级保持后的冷却要点

钢件在分级热浴中取出之后的冷却过程中，从 Ms 点开始，随着温度的降低，过冷奥氏体将不断发生马氏体转变。为了使组织应力、热应力减至最小，在 Ms 点以下的冷却速度越慢越好。因此，通常都是在空气中冷却，对于形状复杂、厚薄不均的高碳钢、高合金钢件，在个别情况下，甚至可以埋在干砂或草木灰中冷却。

有人认为，钢在 Ms 点以下的冷却速度不宜过慢，否则由于奥氏体稳定化会使钢件在冷却到室温之后，具有较多的残留奥氏体，使钢的硬度降低。然而，奥氏体稳定化现象并不是每种钢都有，而且在常用工业用钢中即便会发生奥氏体稳定化现象，其作用也不严重，对淬火后的硬度并无太大影响（最多降低 3~5HRC）。而且当钢件具有稍多的残留奥氏体时，还可适当提高冲击吸收能量。对于要求硬度不高、耐磨性较低的钢件，即使残留奥氏体在回火过程中分解，也不影响钢件尺寸和性能稳定性。

6.3 分级淬火的操作实例

使用分级淬火处理的钢件，以高碳高合金钢制成、尺寸要求高的精密刀具和模具为最多。对于易淬火变形的高碳钢以及渗碳钢件，同样也可以使用分级淬火处理。

1. 高速钢刀具的分级淬火

制作金属切削加工刀具的高速钢主要有 W18Cr4V、W6Mo5Cr4V2、W9Cr4V2 三种牌号，其分级淬火操作过程如下。

（1）预热 由于高速钢中含有大量的合金元素，所以导热系数 λ 很小，约为碳素钢的一半。碳素工具钢 T12 的 $\lambda = 44.8W/(m \cdot K)$，高速钢的 $\lambda = 22.2W/(m \cdot K)$，且淬火奥氏体化加热温度高（>1200℃），如果将钢件直接加热到淬火加热温度，就会产生较大的热应力及组织应力，而引起钢件变形。因此，为了减小和消除内应力，高速钢制刀具均采用预热的方法。对于尺寸较小、形状简单、单件生产的刀具，常采用一次预热（800~850℃）；对于尺寸较大、形状复杂、成批生产的刀具，均采用两次预热。预热方法如下：

1）第一次预热的温度常采用 600~650℃，这样，既可以协调后续各工序的平衡（使两次预热和最后加热时间协调），又可以提高第二次加热时的温度，第一次预热起到了减小第二预热和最后加热温度差的作用。

2）第二次预热的温度常采用 800~850℃（A_{cm} 温度左右），为奥氏体形成吸热反应提供热能，以减少钢件各部位的温度差。如果温度过低（在 Ac_1 点以下），一方面会使预热与最后加热的温度差加大，另一方面，又会间接地增加钢件在高温的加热时间，而使生产率降低。如果第二次预热温度过高，在保温时，钢中可能形成大块的菱形碳化物，而使其性能降低。

（2）最后加热 高速钢刀具淬火的最后加热温度，除了受不同牌号（化学成分）影响之外，也随钢件工作时的性能要求和尺寸的影响。例如，要求热硬性好的车刀，温度要偏高；要求强度高、直径小、有油孔的钻头，温度要偏低。不同类型高速钢制金属切削刀具的淬火加热温度和奥氏体晶粒度见表 6-2。

表 6-2 不同类型高速钢制金属切削刀具的淬火加热温度和奥氏体晶粒度

工具名称	规格	淬火加热温度/℃			奥氏体晶粒度
		W18Cr4V	W6Mo5G4V2	W9Cr4V2	
锥柄钻头	直径 ϕ25mm 以下 直径 ϕ25mm 以上	1265~1270 1270~1275	1225~1230	1210~1230	10.05~11 10~10.5
中心钻	全部	1265~1270	1220~1225	1210~1230	10.5~11
丝锥	全部	1265~1270	1225~1230	—	10.5~11

（续）

工具名称	规格	淬火加热温度/℃			奥氏体晶粒度
		W18Cr4V	W6Mo5G4V2	W9Cr4V2	
组合刀具	—	1270~1275	—	—	9.5~10.5
拉刀	长度 $L \leq 800mm$	1265~1270	—	—	10~10.5
	长度 $L > 800mm$	1260~1265	—	—	10.5~11
滚刀	模数 $m \leq 5.5$	1275~1280	—	—	9.5~10
	模数 $m \geq 6$	1270~1275	—	—	10~10.5
车刀	全部	1285~1295	—	1240~1250	8~9
一般刀具	—	1270~1280	1225~1235	1210~1230	9~10

高速钢制刀具淬火加热后的奥氏体状况，可以从晶粒度反映出来，所以除了温度要求之外，还有晶粒度的要求，而且只有在晶粒度符合要求的情况下，才可实施淬火冷却。

（3）冷却　高速钢制刀具，一次分级淬火的分级热浴温度，可以采用 600~650℃、450~550℃ 和 250~300℃ 三个温度范围，使用哪一温度范围最佳，业内至今还没有统一。

1）采用 450~550℃ 的研究者认为，过冷奥氏体在这个温度范围稳定。而且由于制件的冷却速度较在 600~650℃ 热浴中大，过冷奥氏体在冷却过程中，不会析出或很少析出碳化物，以使钢件具有较高的热硬性。同时，不会因在分级等温过程中，热浴温度升高，而使钢件在保温时发生珠光体转变。也不会因分级保温时间过长，使钢件部分形成非马氏体组织（在 600~650℃ 分级可能形成珠光体，在 250~300℃ 分级可能形成贝氏体）。

2）采用 600~650℃ 的研究者认为，由于高速钢刀具淬火加热温度很高（1200℃ 以上），如果分级温度低，钢件与热浴温差大，会产生较大热应力，可能造成钢件的变形。在热浴中可能会因此析出少量碳化物，但对钢的热硬性并无明显影响，而且还可能由于弥散分布的碳化物的析出，提高钢件的耐磨性。研究表明，使用这一温度分级，还可以进一步减小钢件的变形和扭曲。

3）采用 250~300℃ 的研究者认为，这个温度接近于 Ms 点，在此温度进行分级保温，可以比较彻底地消除热应力，在随后空冷的过程中，可能产生的热应力非常小，主要受马氏体转变产生的组织应力影响，因此，可获得较小的变形、扭曲。

目前，国内企业的高速钢刀具分级淬火的分级温度，在无特殊性能要求的情况下，一般采用 450~550℃、600~650℃ 或 580~620℃，很少采用 250~300℃。

高速钢刀具分级淬火工艺，主要有如下几种：

1）W18Cr4V 钢制 ϕ15mm 标准钻头的一次分级淬火工艺。

① 技术要求如下。

材料刃部为 W18Cr4V 钢，柄部为 45 钢；硬度要求：刃部为 63~66HRC（淬火后为 62~64HRC）；柄部为 30~45HRC，弯曲度 ≤0.15mm，晶粒度 10.5~11 级。

② 制造工艺流程：下料→对焊→退火→切削加工→分级淬火+回火→喷砂→防锈→磨加工。

W18Cr4V 钢制 ϕ15mm 标准钻头（刃部）分级淬火-回火工艺曲线如图 6-2 所示。对这种钻头，采用盐浴炉加热分级处理，并使用插架式卡具，保持垂直悬挂状态，加热冷却比较均匀，淬火变形（弯曲）较小。淬火组织为未溶粒状碳化物和隐蔽马氏体（光学显微镜下看不到马氏体形貌），并含有较多（20%～30%）A_R，晶粒度为 10.5～11 级，硬度为 63HRC。三次回火后的显微组织为回火隐蔽马氏体（因有大量微细碳化物析出，易腐蚀呈暗黑色）加未溶粒状碳化物，并含有少量（<15%）A_R，硬度为 65HRC。W18Cr4V 钢制 ϕ15mm 标准钻头（刃部）分级淬火+三次回火后的 OM 显微组织如图 6-3 所示。

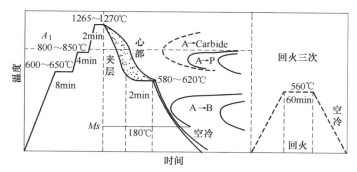

图 6-2　W18Cr4V 钢制 ϕ15mm 标准钻头（刃部）分级淬火-回火工艺曲线

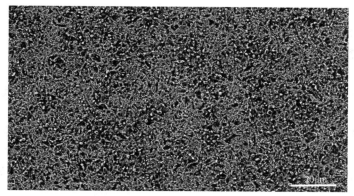

图 6-3　W18Cr4V 钢制 ϕ15mm 标准钻头（刃部）分级淬火+三次回火后的 OM 显微组织

2）W18Cr4V 钢细长拉刀的二次分级淬火工艺。拉刀是一种形状复杂、体积细长（有的长达 2000mm）的切削刀具，要求淬火变形非常小。为了确保刀具淬火时弯曲变形减至最小，除了在加热过程中需要仔细进行预热之外，在冷却时也应采用二次分级淬火的方法进行处理。以长度为 1750mm 拉刀为例，其工艺曲线如图 6-4 所示。将拉刀从高温加热炉取出，放入 600～650℃的热浴中进行第一次分级保持，停留大致高温加热的时间，以消除由高温到此温度所产生的热应力，而后取出再放入 400～450℃热浴中，进行第二次分级保持，停留时间如上，以消除由 600～650℃降到此温度所产生的热应力，而后再取出在空气中冷却，使其发生马氏体转变。

实际生产测得，长度为 1750mm 的长拉刀，经以上二次分级淬火处理后，其弯曲变形度小于 0.15mm。一次分级淬火的弯曲变形度为 0.3～0.6mm；普通淬火（在油中冷却）之后，其弯曲变形度为 2～3mm，甚至 4～5mm。说明二次分级淬火可以更好地减小弯曲变形。

3）W18Cr4V 钢剃齿刀的分级淬火工艺改进。由高速工具钢制成的剃齿刀按下列常规分级淬火工艺处理：

① 650℃一次预热，每毫米有效厚度所需时间为 243s（盐浴炉）。

② 850℃ 二次预热，每毫米有效厚度所需时间为 16s（盐浴炉）。

③ 1270℃ 加热，每毫米有效厚度所需时间为 8～10s（盐浴炉）。

④ 650℃ 分级，每毫米有效厚度所需时间为 2～3s。

⑤ 20℃ 油冷，每毫米有效厚度所需时间为 30～40s（减少残留奥氏体含量）。

⑥ 室温空气放置时间为 6～8h（充分完成马氏体转变）。

⑦ 在 80℃（含 3%～5% Na_2CO_3）水中洗涤。

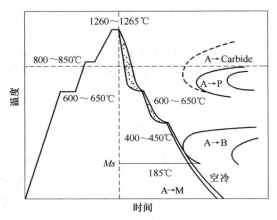

图 6-4　W18Cr4V 钢细长拉刀
二次分级淬火工艺曲线

经上述工艺处理后，钢件常因出现裂纹而成为废品。据统计，每批钢件中的废品率在 20%～40%，损失巨大。经过实验研究，采取如下的分级淬火工艺和技术措施，可以降低废品率，防止裂纹的产生。

① 对加热、预热用的盐浴炉进行充分脱氧。

② 600～650℃ 保持 3h，消除切削、磨削加工应力，然后空冷。

③ 600～650℃ 一次预热，盐浴炉熔盐成分为 15% KCl + 50% Na_2CO_3，每毫米有效厚度所需时间为 1.5min。

④ 850～880℃ 二次预热，盐浴炉熔盐成分为 70% $BaCl_2$ + 30% KCl，每毫米有效厚度所需时间为 45s。

⑤ 1270℃ 高温加热，盐浴炉熔盐成分为 100% $BaCl_2$，每毫米有效厚度所需时间为 10～12s。

⑥ 600～620℃ 分级保温，时间为 3min，盐浴炉熔盐成分与第一次预热相同。

⑦ 空冷，时间为 2min。

⑧ 160～180℃ 热油槽中分级保温，时间为 5min。

⑨ 空冷至室温。

⑩ 80～90℃（含 3%～5% Na_2CO_3）水中洗涤。

W18Cr4V 钢剃齿刀二次分级淬火工艺曲线如图 6-5 所示。经此工艺分级淬火和三次 560℃ 回火处理后，由于消除了切削、磨削加工应力，减小了分级冷却过程中的热应力和组织应力，又防止了加热时的表面脱碳，所以生产过程中未出现表面裂纹问题，且质量优良，具有较好的使用性能。

2. 高强韧性高合金钢制冷作模具分级淬火

冷作模具的热处理，除了满足高硬度要求之外，还要具有高耐磨性和足够的韧性，此外，还要求钢件的尺寸变化和变形很小。对于碳素钢或低合金钢，采用普通淬火很难满足以上要求，因此需要选用高合金钢、采用分级淬火处理来制备。

（1）Cr12MoV 钢冷作模具的分级淬火工艺　早期高合金模具钢为 Cr12 型高碳高铬钢，因为这种钢过冷奥氏体的稳定性高，可以在较慢的冷却速度下获得马氏体组织，且 A_R 量比

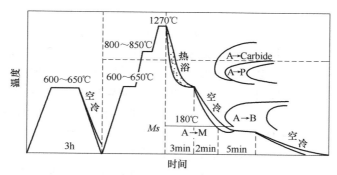

图 6-5　W18Cr4V 钢剃齿刀二次分级淬火工艺曲线

较多，淬火后变形小，可以用来制造各种模具。常用的牌号有 Cr12、Cr12V、Cr12Mo、Cr12MoV 等。以 Cr12MoV 钢制作的冷作模具为例，其分级淬火回火工艺曲线如图 6-6 所示。即经过两次预热，一次 450 ~ 500℃ 分级，而后空冷的分级淬火处理的加热保温时间（用盐浴炉），可参考高速工具钢刀具所用的时间；如使用保护气氛炉或真空炉加热，在加热、冷却达到该温度之后，保温时间为每毫米有效厚度 0.6min 即可。

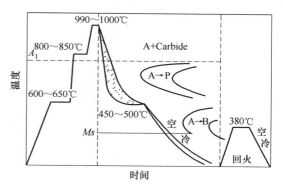

**图 6-6　Cr12MoV 钢冷作模具
分级淬火回火工艺曲线**

经上述分级淬火处理的模具，硬度为 61 ~ 63HRC。经 380℃ 保持 2h 回火后，硬度为 60 ~ 63HRC，其显微组织为回火隐蔽马氏体，加少量（<10%）A_R 及少量未溶粒状碳化物。

（2）高速钢基体钢冷作模具分级淬火工艺　近年来，随着塑性变形成形生产自动化及少（无）切削新工艺在机械加工中的迅速发展，对模具材料及热处理后的性能，提出了苛刻的要求。常用的冷作模具钢 Cr12MoV，甚至包括高速钢，由于强韧性不足，无法满足要求，导致模具使用寿命低，影响了新工艺的推广和生产率的提高。为此，研发了一系列高速钢基体钢（其化学成分类似高速钢淬火后的基体），它们的牌号及主要化学成分见表 6-3。

表 6-3　冷作模具用高速钢基体钢的牌号及主要化学成分

牌号	主要化学成分（质量分数,%）							
	C	W	Mo	Cr	V	Si	Nb	Ti
65W8Cr4VTi	0.6 ~ 0.7	7 ~ 6	—	3 ~ 5	1 ~ 1.5	—	—	0.15
65W4Cr2MoNiV	0.6 ~ 0.7	3 ~ 5	0.6 ~ 15	1 ~ 3	0.8 ~ 1.2	—	—	
65Cr4W3Mo2VNb	0.6 ~ 0.7	2 ~ 4	1 ~ 3	3 ~ 5	0.8 ~ 1.2	—	0.25	
6Cr4W3Mo2VNb	0.55 ~ 0.65	2 ~ 4	2 ~ 4	3 ~ 5	0.8 ~ 1.2	—	0.25	
5Cr3W2MoSiVNb	0.45 ~ 0.55	2 ~ 4	1 ~ 3	2 ~ 4	0.8 ~ 1.2	0.8 ~ 1.2	0.25	
4Cr3Mo2W4VTiNb	0.35 ~ 0.45	3 ~ 5	1 ~ 3	3 ~ 5	0.8 ~ 1.2	—	0.25	0.15

以 65Cr4W3Mo2VNb 钢制冷作模具的分级淬火回火为例，说明如下：

1）一种较大的滚动轴承外套圈，原采用热锻成形，其工艺复杂，表面质量差。改用冷挤压工艺，在 1250t 挤压机上一次成形。毛坯为 GCr15 钢，退火后的硬度约为 209HBW。因硬度高，模具受力大，必须具有很高的强韧性。内圈凹模曾用 G12MoV 钢制造，经过常规淬火回火处理后，挤压几件后就会破裂。而改用 3Cr2W8V 钢制造，经常规淬火回火处理后硬度又不足，使用时经常发生压溃变形。最终改用 65Cr4W3Mo2VNb 钢，采用如图 6-7 所示的热处理工艺，即经两次预热、一次分级保温后油冷的分级淬火和 580℃ 及 600℃ 两次回火处理，淬火后的硬度为 63~64HRC，两次回火后的硬度为 57~59HRC，模具平均使用寿命为 2 万件，最高可达 7 万件，凹模平均使用寿命达 5 万件。

2）10Cr18Ni9 奥氏体不锈钢制手表外壳，可采用先进的冷挤压成形工艺。表壳挤压成形前，1050~1100℃ 加热保持 8min，经水淬后硬度为 170~190HV。原来采用高速工具钢制作冷挤压成形凹模，使用时易开裂、寿命低。改用 65Cr4W3Mo2VNb 钢制作这种模具，采用类似图 6-7 所示的热处理工艺，将最高加热温度改为 1160℃（为了增高马氏体的合金度）且降低回火温度至 540℃ 保温 1h（两次），回火后的硬度为 61~63HRC，模具使用寿命高达 2 万~3 万件。

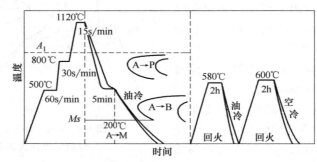

图 6-7　65Cr4W3Mo2VNb 钢冷挤压模的分级淬火回火工艺操作曲线（盐浴炉加热及分级）

3）梅花孔型冷挤压凸模的形状非常复杂，挤压成形时受力情况恶劣，凸模上"柱"和"筋"交接处易断裂。曾用 Cr12MoV 钢和 3Cr2W8V 钢制作，经常规淬火回火处理后，其使用寿命很短。Cr12MoV 钢模具易断裂，3Cr2W8V 钢模具易产生塑性变形，尺寸稳定性差。改用 65Cr4W3Mo2VNb 钢模具，采用如图 6-8 所示的热处理工艺，即 840℃ 预热，1120℃ 加热，一次 520~540℃ 分级保温而后空冷的分级淬火，再经 540℃ 回火（两次）。回火后的硬度为 61~62HRC。使用证明该模具尺寸稳定，挤压 4000 件后，挤压头尺寸无变化，仍可使用。

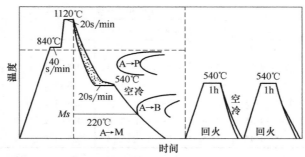

图 6-8　65Cr4W3Mo2VNb 钢梅花孔型冷挤压凸模的分级淬火回火工艺曲线（盐浴炉加热及分级）

（3）3Cr2W8V 热作模具钢的分级淬火工艺 3Cr2W8V 是常用热作模具用钢，这种钢经热处理后可具有较好的耐热性、高的热强度和热疲劳抗力，是用来制造各种热冲模、校正模、整形模以及压铸模的优良材料。制作的模具经淬火回火后，要求硬度为 44~48HRC。这种模具可以在锻造温度（或铝合金熔化温度）下连续锻制（或压铸）钢件，其硬度不降低，较少损坏，使用寿命比一般中低合金热作模具钢更长。但是，使用 3Cr2W8V 钢制作的模具，必须进行正确的热处理，才能发挥它的优良性能。若热处理不当，不仅会导致性能不好，而且会导致严重的开裂、变形。

曾有企业对 3Cr2W8V 钢制成的模具，使用普通淬火方法进行处理，其工艺操作过程如下所述：

① 预热。将钢件首先放入 580~620℃的炉中进行第一次预热，保持一定时间，使其各处的温度基本一致后，再放入温度为 800~820℃的炉中进行第二次预热，保持一定的时间，使其均温。

② 最后加热。将经过两次预热的钢件，放在温度为 1000~1120℃的炉中进行最后加热，在高温下保持一定的时间，使其基本上获得均匀的奥氏体组织。

③ 冷却。将加热好的钢件，淬入油中冷却。当钢件的温度接近油温时，取出在空气中冷却。

按照上述方法处理后的模具，在进行质量检查时，发现在其尖角处常常有裂纹形成，而且也容易产生较为严重的变形。

为了避免模具的开裂和变形，也曾改用闪点淬火法进行处理，即将灼热钢件先在油中冷却一定时间，使钢件的温度接近油的闪点（200~300℃）时取出空冷，以减小内应力。然而该工艺的效果也不尽人意。

考虑到引起模具变形开裂的原因，是这种钢含有较高的合金元素（质量分数：8%~9%W，2%~3%C，0.6%~1%V），其导热系数较小。钢件在油中冷却时，由于冷却速度过大，造成钢件不同部位的温度差过大，引起体积收缩不一，从而产生较大的内应力。为了消除这种应力，防止钢件变形和开裂，最后还是采用了分级淬火，其处理情况如下所述：

3Cr2W8V 热作模具钢的分级淬火回火工艺曲线如图 6-9 所示，即钢件先在 560~580℃的盐浴炉中进行第一次预热，经保温后再在 800~850℃的盐浴炉中进行第二次预热，保温后放入 1080~1120℃的盐浴炉中进行最后加热保温，然后将钢件放入 400~450℃的盐浴炉中分级保持（时间与

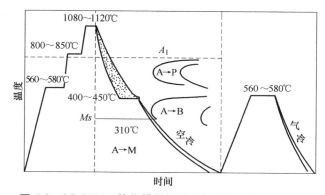

图 6-9 3Cr2W8V 热作模具钢的分级淬火回火工艺曲线

最后加热时间相同），当钢件的温度与分级热浴温度一致时，取出在空气中冷却。经上述分级淬火处理的模具，没有发生开裂，变形也较大程度减小，硬度为 42~46HRC，与普通淬火（油冷）相近。这种模具经 560~580℃回火之后，由于具有二次硬化（弥散析出与基体保持共格联系的特殊碳化物）作用，其硬度会增高 2~4HRC，达到 46~48HRC，甚至可以达到

50~52HRC。这种热作模具有良好的使用性能。

（4）低合金制冷冲模的分级淬火工艺　近年来，对于钢件分级淬火工艺的应用范围有了新的扩大。分级冷却的热浴温度，不仅可以在该钢 Ms 点以上实施，而且也可以选择在比 Ms 点稍低温度进行。在某些情况下（过共析钢件淬火加热温度较低或加热钢件预冷至比 Ar_1 点稍高温度），采用比 Ms 点稍低的温度分级保温，可以消除热应力和部分组织应力，进一步减小钢件变形。并且，由于分级热浴温度降低，钢件在热浴中的冷却速度增大，因此过冷奥氏体稳定性差的低合金钢甚至碳素钢，也可以采用分级淬火工艺处理。

以 CrWMn、CrWMnV、CrWV 钢（这三种钢的成分、性能相似）钢件的冷冲模为例，说明分级淬火工艺及其效果。

使用 CrWMnV 钢制成 200mm×150mm×20mm 的两组平板，在其中一组的中部钻有 φ100mm 的通孔，其淬火工艺规范分别按下列三种方法进行。

1）钢件加热到850℃，经保温奥氏体化后，采用的第一种方法为普通淬火，其工艺曲线如图 6-10 所示。即将加热后的钢件淬入30℃油中冷却，直到钢件温度接近油温时，取出在空气中冷却，待钢中的过冷奥氏体基本上全部转变为马氏体（少量残留奥氏体）组织为止。

2）第二种方法为普通分级淬火，其工艺曲线如图 6-11 所示。即将加热后的钢件淬入 200℃ 热浴中，保持一定的时间，使钢件内外温度接近热浴温度，然后取出在空气中冷却。在分级保温时，既没有过冷奥氏体发生珠光体和贝氏体转变，也没有发生马氏体转变，钢中的马氏体转变是在空冷时发生的。

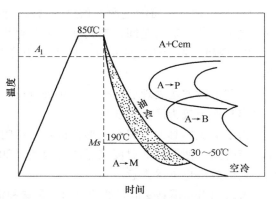

图 6-10　CrWMnV 钢件的普通淬火工艺曲线

3）第三种方法为在比 Ms 点稍低温度等温分级淬火，其工艺曲线如图 6-12 所示。即将加热后的钢件淬入 150℃ 的热浴中，保持一定的时间，使其内外温度均匀，而后取出在空气中冷却。由于 150℃ 低于 Ms 点（190℃），在等温保持时，将有部分马氏体形成并回火成为

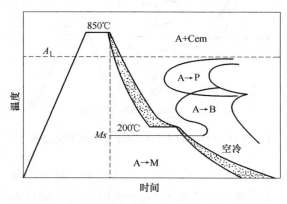

图 6-11　CrWMnV 钢件的普通分级淬火工艺曲线

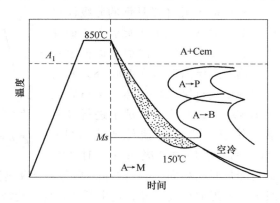

图 6-12　CrWMnV 钢件在 Ms 点，以下等温分级淬火工艺曲线

回火马氏体；而未转变的过冷奥氏体，则在随后空冷过程中转变为马氏体，室温下的显微组织为回火马氏体、淬火马氏体、少量残留奥氏体及少量未溶碳化物。

上述三种淬火方法处理的钢件，采用相同的低温（200℃）回火后，其变形、开裂情况见表6-4。由表6-4可以看出，采用热浴温度稍低于 Ms 点的等温分级淬火，不但可以防止钢件的开裂，而且也可以得到最小的变形。

表6-4　不同方法淬火处理 CrWMnV 钢件（200℃回火）后的状态对比

淬火方式	钢件	普通淬火	200℃普通分级淬火	150℃等温分级淬火
冷却介质中的相变		≈100%M	0M	≈65%M
钢件的变形情况	不钻孔	≈0.009mm/mm	≈0.001mm/mm	≈0.0005mm/mm
	钻孔	≈0.002mm/mm	≈0.0012mm/mm	≈0.0001mm/mm
钢件的开裂情况	不钻孔	开裂	不裂	不裂
	钻孔	开裂	不裂	不裂

例如，某企业对 CrWMn 钢制成的冷冲模，采用普通淬火方法（在油中淬冷）处理时，其变形相当严重。改成分级淬火处理时，效果良好，变形很小，其热处理的操作过程如下：首先将经切削加工成形的模具，进行消除应力退火。将钢件加热到 500~550℃，保温一定时间，使其温度均匀一致，而后取出在空气中冷却。再将钢件加热到淬火加热温度 840~860℃，保温一定时间，而后淬入 140~170℃ 的汽油中，保持 5~10min 后，取出空冷，最后在 160~200℃ 油浴中保持 1~2h 低温回火，其工艺曲线如图 6-13 所示。经这种方法热处理之后，模具变形小，使用寿命延长。

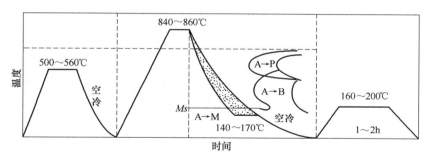

图 6-13　CrWMn 钢冷冲模的消除应力退火、分级淬火和低温回火工艺曲线

应该指出，热浴温度低于 Ms 点的分级淬火，并非对所有的牌号钢件都能产生良好的效果，尤其是淬火加热温度很高的钢制钢件。因为分级冷却温度低，产生的热应力大，叠加部分马氏体形成而产生的组织应力，可能会引起过大的变形，所以对这种工艺方法应该慎重选用。

（5）碳素工具钢制工具的分级淬火　对于切削速度不大，切削量较小的金属切削刀具，如手用丝锥、手用板牙等，常用碳素工具钢（如 T12）制造。手用丝锥、手用板牙的体形比较复杂，而且在淬火、回火后，往往不再进行磨削加工，故对其尺寸要求非常精确，淬火变形必须很小，否则不能满足技术要求。手用丝锥常因淬火端部胀大超差而报废。因此，其淬火需要采用变形小的分级淬火。然而，由于 T12 钢的过冷奥氏体稳定性小，油淬都难以淬硬。因此，其分级淬火必须采取一些特殊技术措施。以 T12 钢手用丝锥为例，其分级淬火操

作过程如下:

1)预热。虽然分级淬火加热温度不高,但为了减小变形,仍需要进行预热。在 600~650℃ 的盐浴炉中进行,保持一定时间,使内外温度均匀一致。在预热的过程中,不仅消除了由于加热所产生的热应力和丝锥经机械加工所产生的内应力,而且对于滚制丝锥可以起到再结晶作用(滚制丝锥在淬火处理之前,最好经过一次 650~680℃ 的消除应力退火)。

2)加热。在选择淬火加热温度时,应该注意适当提高温度。一方面,会增大过冷奥氏体稳定性,使淬透性增大,有利于碳素工具钢钢件淬硬;另一方面,由于高温奥氏体的碳含量增高,Ms 点降低,使淬火后室温下的残留奥氏体含量增多,有利于钢件淬火体积胀大程度的减小。但是,提高淬火加热温度,会使奥氏体晶粒粗化,马氏体晶粒粗大,使钢件的力学性能,特别是韧性降低。因此,提高淬火加热温度一定要适度。

综上所述,在保证钢件能够淬硬,具有足够深度的硬化层,又能保证钢件不变形或少变形的情况下,应该尽可能采用较低的、接近正常淬火的加热温度。实际生产中,不同规格的 T12 钢手用丝锥分级淬火加热温度见表 6-5。由表可以看出,直径越小(冷却速度较快),其淬火加热温度越低,越接近正常淬火加热温度(760~780℃)。

经过预热后的钢件,放入 770~830℃ 的盐浴炉中进行最后加热,保持一定的时间,使其获得较为均匀的奥氏体组织。

表 6-5　不同规格的 T12 钢手用丝锥分级淬火加热温度

丝锥规格(直径)/mm	淬火加热温度/℃
3~12	770~780
14~28	790~800
30~40	820~830

3)冷却。将加热后的钢件,淬入温度稍低于 Ms 点的热浴中。在热浴中保持一定的时间,消除在冷却过程中产生的热应力和部分马氏体形成时产生的组织应力。由于碳素工具钢的过冷奥氏体稳定性低,一般盐浴处理很难避免在冷却过程中发生珠光体转变,导致最终不能淬硬。因此,需要使用冷却烈度大的淬火介质,通常需要使用加水(5%~10%)硝酸盐和亚硝酸盐的低熔点混合盐或者苛性钾和苛性钠的低熔点混合碱,方可达到目的。

淬火钢件经分级等温保持之后,取出空冷,使未转变的过冷奥氏体转变为马氏体,整个分级淬火的工艺曲线如图 6-14 所示。

T12 钢制手用丝锥经 820℃ 加热,150℃ 加水盐浴分级淬火后的显微组织如图 6-15 所示,图中表明其显微组织主要是细针状马氏体。

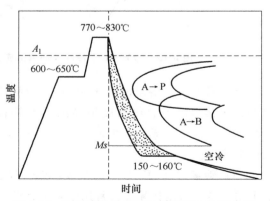

图 6-14　T12 钢手用丝锥的分级淬火工艺曲线

经上述分级淬火后的手用丝锥通常无淬火开裂且变形超差率很低。一般在淬火后,还需进行在 160~180℃ 保温 2~3h 的回火处理。

为了进一步减小碳素工具钢手用丝锥的淬火变形,还可以采用如图 6-16 所示的分级等温淬火回火工艺。从图中可以看出，首先将钢件淬入160℃热浴中保持1~5min，可以消除在冷却过程中产生的热应力和部分奥氏体转变成马氏体而产生的组织应力。而后将钢件置于另一个温度为180℃的热浴中，实施较长时间的等温保持（30min）。在此过程中，已经形成的淬火马氏体转变为回火马氏体，待转变的奥氏体部分转变为贝氏体，部分在空冷时转变为马氏体。由于相变体积变化减小，内应力降低，变形较小。在160~180℃回火后获得了高的强度和韧性。

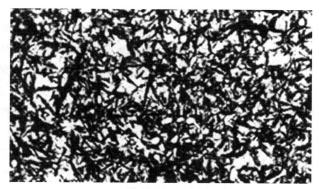

图6-15　T12钢制手用丝锥分级淬火后的显微组织

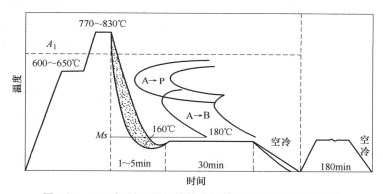

图6-16　T12钢制手用丝锥的分级等温淬火回火工艺曲线

对尺寸较大的碳素工具钢制工具（如冷冲模等），要求淬火后尺寸精确。当变形较小时，如按一般方法进行淬火，往往不能淬硬，这是由于钢件在热浴中的冷却速度过低，过冷奥氏体会在高温发生珠光体转变。对于这类钢件，可以按如下所述方法处理。

将加热好的钢件，首先淬入盐水（10%NaCl水溶液）中快速冷却，避免珠光体形成，当钢件表面冷至200~300℃时，立即取出在空气中停留片刻，待钢件表面的水分蒸发后，放入温度在Ms点附近的热浴中分级保持，使各处温度均匀，以消除热应力，而后再取出空冷，使其发生马氏体转变。其工艺曲线如图6-17所示。

使用这种方法处理时，必须严格掌握钢件在盐水中冷却的时间。时间过长（冷至Ms点以下温度），会使钢件存在淬火开裂、变形超差的危险。时间过短（温度过高），则又可能淬不硬。而且，钢件空冷时，一定要使表面水分蒸发后，再放入热浴中分级保持，否则会造成热

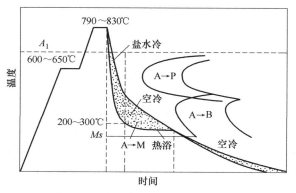

图6-17　尺寸较大碳素工具钢的快冷-空冷-热浴分级淬火工艺曲线

浴介质飞溅，甚至伤人。

有些尺寸（厚度）大的碳素工具钢工具，并不要求心部硬化，但要求淬火开裂和变形很小，可以采用"快速加热-分级淬火"的方法。现以 T8 钢制造的尺寸为 95mm×60mm×17mm 的模具为例，说明其操作过程：首先，将模具的销钉孔用陶瓷纤维、耐火泥堵塞，烘干后，将其直接放入 960~980℃ 高温辐射炉中加热。在加热时，注意钢件加热要均匀，最好用料盘垫起来或者悬挂起来加热。加热时间以每 1mm 厚度 22~26s 计算，以钢件表层温度达到 780~810℃ 为准。加热完成后，淬入 20~30℃ 盐水（8%NaCl 水溶液）中冷却，停留时间可按每 3~4mm 厚度 1s 计算，以钢件表层温度冷至 300℃ 左右为准。而后取出空冷，待表面水分蒸发后，置于温度为 160~180℃ 热浴中保持 30~60min，最后取出空冷至室温，其工艺曲线如图 6-18 所示。

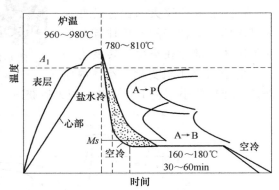

图 6-18　T8 钢模具快冷-空冷-热浴
分级淬火工艺曲线

上述处理方法由于使用了快速加热，钢件加热时间缩短，氧化、脱碳的倾向减小，表面质量较好。同时，由于加热时钢件的心部并未加热到高温，可增大盐水冷却时的冷却速度，减少了冷却时的热应力和部分组织应力。等温保持时，因有下贝氏体形成，既消除了热应力，又减小了组织应力，所以钢件变形很小。钢件淬火后的硬度为 57~62HRC。淬硬层深度在 3~4mm，符合技术要求。

如果钢件的厚度大（>30mm），要求淬火后硬化层较深（>10mm），导致快速加热阶段在炉中的时间变长。为避免加热时发生氧化、脱碳，必须在保护气氛炉中加热，或在加热前将钢件表面涂敷一层防护介质（如硼砂、$ZnCl_2$ 等），并采用预热以减小内外温差和热应力。因为快速加热后表层温度高（约 830~850℃），使钢件与冷却介质之间的温差加大，可能导致钢件的过大变形，所以在淬入盐水之前先要进行一段时间的预冷（在空气中冷却），使钢件表面温度降至 Ar_1 点稍高，再淬入盐水中冷却一段时间，使钢件表层温度降至 300℃ 左右，然后取出空冷，待表面水分蒸发后，放入热浴中分级等温并保持较长的时间，最后取出空冷，其工艺曲线如图 6-19 所示。经过这种方法加工的模具变形小，硬化层深度较大，满足技术要求，使用性能良好。

（6）合金渗碳钢渗碳齿轮的分级淬火工艺　汽车、飞机、坦克等装配的重要齿轮，不仅具有保证其相关运动的作用，而且还要改变速度传递功率。这类齿轮在工作时，受到弯曲、扭转、冲击、压缩、疲劳等复合应力的作用，一般都是用经渗碳或碳氮共渗淬火回火处理后的低碳合金钢制造。

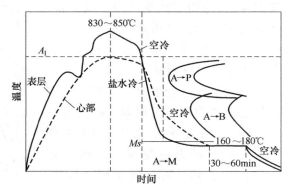

图 6-19　T8 钢件快速加热-预冷-盐水冷-
空冷-热浴的分级等温淬火工艺曲线

渗碳淬火回火齿轮工作时的失效形式，主要有齿面损坏和断裂。齿面损坏包括磨损、塑性变形、胶合、接触疲劳、麻点剥落、腐蚀烧伤、磨裂、破裂等。断裂包括过载断裂、疲劳断裂、脆断、淬火裂纹引起的断裂。通常，在正常生产和使用条件下，这类齿轮的主要失效形式为齿的弯曲疲劳断裂和齿面的接触疲劳损伤。

为了防止早期失效和确保使用寿命，对于这类齿轮，一般有如下几点要求：

① 要求具有高的精密度，热处理后的变形要小，这样才能减小、避免工作时的撞击现象，减小噪声，提高其质量和使用寿命。

② 要求具有高的硬度，耐磨性和接触疲劳抗力，这样可以防止或减小因周期性的接触应力作用而产生的摩擦磨损和麻点剥落。

③ 要求具有高的强度和足够的韧性，尤其是屈服强度和疲劳强度要高，而且齿轮的心部也要求具有足够的强度和韧性，以防止工作时发生弯曲塑性变形或折断。

根据汽车齿轮的性能要求和模数较小（$m \leqslant 5$）的特点，其渗碳层深度一般在 $0.8 \sim 1.3 \mathrm{mm}$。渗碳齿轮钢的碳含量较低时，渗碳层较深；碳含量较高时，渗碳层较浅。齿轮渗碳后，需要进行淬火和回火处理。热处理后的齿轮，表面硬度为 56~62HRC，心部（包括未渗碳的表面部分）硬度为 35~45HRC。卡车齿轮热处理前的节圆摆差不大于 0.05mm，热处理后的节圆摆差小于 0.12mm。对于高级轿车齿轮，要求其变形更小，在热处理后的变形度小于 0.075mm。

齿轮，尤其是形状复杂的齿轮，渗碳淬火后，常常由于变形过大，并因无法校正和不允许校正而报废。由于汽车齿轮对变形度要求非常严格，一般汽车齿轮制造工厂，对易变形的盘齿轮使用淬火压床进行压淬。经这样的淬火后，齿轮变形虽有所改善，但流程烦琐，需要专门设备，不适用于形状复杂的齿轮。实践证明，采用适宜的分级淬火，可以极大减小渗碳齿轮淬火过程中所引起的变形，举例如下。

20Cr2Ni4Mo（20Cr2Ni4W）钢制渗碳齿轮，常用于飞机、坦克和高级轿车。这种钢渗碳前后的奥氏体等温转变曲线如图 6-20 所示。可以看出，其过冷奥氏体在珠光体转变温区非常稳定，等温保持 3h 尚未开始转变，但可发生贝氏体转变，渗碳之后的开始转变时间大大地延长。20Cr2Ni4Mo 钢渗碳齿轮分级淬火操作步骤如下：

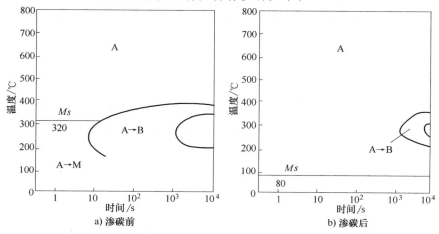

图 6-20　20Cr2Ni4Mo 钢的奥氏体等温转变曲线

① 高温回火。20Cr2Ni4Mo 钢在渗碳之后，不仅过冷奥氏体稳定，而且 Ms 点很低（约为 80℃），渗碳后如果淬火或空冷，都会获得大量（50%~75%）的残留奥氏体，硬度很低，仅为 36~40HRC。重新加热时，这种残留奥氏体仍以奥氏体状态存在，淬火后的硬度依旧很低。因此需要进行 650℃ 保持 3~8h 的高温回火，使残留奥氏体分解。对于重要的齿轮在高温回火之前还要进行一次冷处理（-78℃）以减少残留奥氏体数量。

② 加热。将渗碳后的齿轮均匀加热至 820~830℃，加热时为了防止表面氧化脱碳，应在保护气氛炉或盐浴炉中进行。保持一定时间以获得比较均匀的奥氏体和未溶碳化物，并使奥氏体中的碳含量不至过高。

③ 冷却。渗碳齿轮分级淬火的分级温度选在心部（未渗碳部分）Ms 点稍低，表层（渗碳部分）Ms 点以上（可以采用 200~300℃）的温度。当重新加热好的渗碳齿轮淬入 280~300℃ 的热浴中等温保持时，由于未渗碳的部分在 Ms 点以下，已经有部分过冷奥氏体转变为马氏体，但因为分级温度高于渗碳层的 Ms 点，所以渗碳层部分依旧保持在奥氏体状态。因而，在此温度分级保持时，一方面消除了由于钢件冷却不均、体积收缩不一所产生的热应力；另一方面也消除了部分因马氏体转变并回火所产生的组织应力。这样，钢件由分级热浴中取出空冷形成马氏体时，产生的内应力不至过大，变形较小。20Cr2Ni4Mo 钢渗碳齿轮的分级淬火工艺曲线如图 6-21 所示。渗碳齿轮经此分级淬火后，仍需进行一次低温（180~200℃）回火。

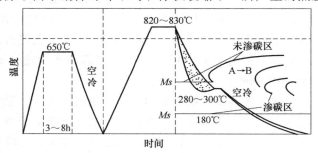

图 6-21　20Cr2Ni4Mo 钢渗碳齿轮的分级淬火工艺曲线

为了验证这种钢制渗碳齿轮的分级淬火效果，对 20 个齿轮分别进行了淬油（油温为 60℃）和分级淬火（热浴温度为 300℃）处理，变形情况对比见表 6-6。该齿轮的容许变形度为 0.075mm 前提下，采用普通淬火（油冷）处理的 10 个齿轮都不合格，而分级淬火处理的 10 个齿轮完全符合要求。

表 6-6　渗碳齿轮经不同淬火后的变形情况对比　　　　　　　　（单位：mm）

60℃油普通淬火	300℃热浴分级淬火	60℃油普通淬火	300℃热浴分级淬火
0.125	0.025	0.150	0.025
0.150	0.050	0.125	0.050
0.125	0.025	0.150	0.025
0.175	0.075	0.125	0.025
0.250	0.025	0.125	0.025

在飞机齿轮制造企业，对 20Cr2Ni4W（与 20Cr2Ni4Mo 的奥氏体等温转变图相似）钢制的发动机变速箱齿轮，为了减小齿形几何尺寸的变化，必须降低淬火后钢件的残余应力。此外，还需要控制心部的硬度不要过高（≤40HRC），以保证获得必需的冲击吸收能量。常用与上述 20Cr2Ni4Mo 钢渗碳齿轮分级淬火工艺相似的方法进行处理，但又有进一步的改进，其工艺过程如下：

将渗碳后的 20Cr2Ni4W 钢齿轮，经 650℃ 保温 3~8h，高温回火（或回火前加一道 -78℃ 冷处理），再加热到 850℃ 奥氏体化，而后淬入 200~220℃ 的第一热浴中保持 10min，取出后立即置于 550~570℃的第二热浴中，保持 1~2h，随后取出，空冷至室温，其工艺曲线如图 6-22 所示。

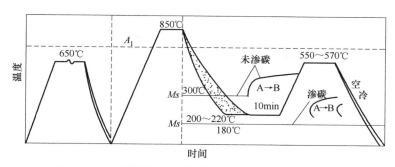

图 6-22　20Cr2Ni4W 钢渗碳齿轮的分级淬火工艺曲线

按照这种处理方法，由于冷却到 200~220℃时，齿心（未渗碳部分）已经形成了大量马氏体，而表层（渗碳部分）仍处于奥氏体状态。在随后于 550~570℃较长时间的保持时，心部的马氏体转变为回火索氏体。由于这种钢的过冷奥氏体在 350~600℃温区非常稳定，表层仍然不会发生转变。在随后的冷却时，奥氏体才会转变为马氏体。这样，就达到了既能减小变形，又能控制心部硬度的效果。

经上述分级淬火处理后，齿轮需要进行 180~200℃低温回火，以稳定渗碳层组织和消除应力。这种方法特别适合热处理碳含量偏高的 20Cr2Ni4W 钢齿轮。

12Cr2Ni4 钢制的渗碳齿轮也有与 20Cr2Ni4Mo 钢渗碳齿轮相似的特性（只是未渗碳部分发生珠光体转变的时间稍长，其 Ms 点较高），渗碳后需要进行分级淬火时，可以采用如图 6-23 所示工艺。即经 800℃加热奥氏体化后，淬入 300℃的热浴中等温保持，这时未渗碳部分已经形成了一部分马氏体并回火成为回火马氏体，而渗碳部分仍处于奥氏体状态。而后空冷时，渗碳部分和未渗碳部分待转变的过冷奥氏体发生马氏体转变。淬火之后需要进行低温回火处理，使淬火马氏体成为回火马氏体，消除残余应力，稳定显微组织。

汽车、拖拉机中的齿轮广泛使用低合金渗碳钢（如 20CrMnTi、20CrMnMo、20CrNiMo 等），这类钢渗碳后晶粒细小，直接淬火后残留奥氏体含量不多，所以进行分级淬火时可采用如下工艺：以 20CrMnTi 钢渗碳齿轮为例，其工艺曲线如图 6-24 所示。即渗碳后缓冷到比 A_3 点稍高的 850℃保温，消除其热应力，而后淬入 280℃热浴中等温保持，使未渗碳部分形成部分马氏体并回火，成为回火马氏体，而渗碳部分仍为奥体状态。而后取出空冷，使未转变的过冷奥氏体转变为马氏体，最后进行 180~200℃回火。

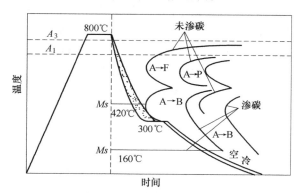

图 6-23　12Cr2Ni4 钢渗碳齿轮的
分级淬火工艺曲线

必须指出，由于低合金渗碳钢渗碳前后过冷奥氏体稳定性不高，分级淬火冷却时应防止过冷奥氏体发生分解，以保证齿轮获得技术要求的性能。同理，对于形状复杂、要求精密度很高的合金渗碳钢件（如花键轴等），在渗碳之后，也可以采用上述分级淬火方法进行处理。

（7）超高强度钢件的分级淬火工艺　超高强度钢是指经热处理后可获得屈服强度 $R_{p0.2} \geq 1400MPa$ 的钢材，主要用于飞机起落架、高强度螺栓、紧固件、弹簧、高速转子、轴以及其他各种要求高强度的零件。这类钢的合金度比较高，其过冷奥氏体等温转变图中珠光体转变与贝氏体转变之间有一稳定的温区，如图 6-25 所示。由于这类钢的超高强度是经淬火回火处理后获得的，因此淬火工艺是关键步骤。

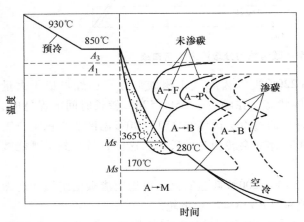

图 6-24　20CrMnTi 钢渗碳齿轮的分级淬火工艺曲线

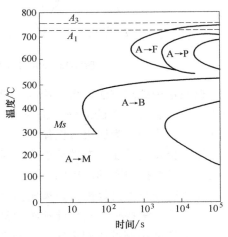

图 6-25　40CrMnTi 钢的过冷奥氏体等温转变图

对于这类钢件，如果热处理后要求形状尺寸精确，应采用分级淬火。根据这类钢的相变特点，分级淬火可以利用以下两种方法：

1）钢件在奥氏体化温度，淬入中温（过冷奥氏体稳定温度）热浴中分级保持，待内外温度基本一致时取出空冷，其工艺曲线如图 6-26 所示。钢件在热浴中冷却时应能够避免发生珠光体转变，从热浴中取出空冷时应避免发生贝氏体转变，使全部过冷奥氏体在空冷过程中发生马氏体转变，最后进行 300~350℃ 的中低温回火处理。

2）钢件在奥氏体化加热温度，淬入中温（过冷奥氏体稳定温度）热浴中等温，停留时间应比钢件内外温度均匀所需时间长，而后空冷，其工艺曲线如图 6-27 所示。可见其工艺过程除了分级等温保持时间较长之外，与图 6-26 相同。由于在空冷时，过冷奥氏体不仅发生马氏体转变，而且马氏体会发生自回火，形成回火马氏体。这样钢件既具有超高强度，又具有一定的韧性，因而不需要再进行回火。这种方法特别适用于碳含量较低（Ms 点较高，马氏体在高温形成，容易自回火）和钢件尺寸（厚度）较大（空冷时冷却速度较小，在较高温度停留时间较长，有利于自回火）的钢件。

上述在过冷奥氏体等温转变图中部稳定区等温保持的分级淬火，也称为奥氏体等温处理。

（8）预防奥氏体稳定化的分级淬火工艺　有些钢（如 65Mn、CrMn 等）淬火时，如果在 Ms 点以下温度缓慢冷却，将引起奥氏体稳定化，使冷至室温后的残留奥氏体增多。残留奥氏体在钢件使用时会发生转变，使体积增大并造成变形，进而导致钢件的硬度降低，尺寸稳定性减小。由于分级淬火在分级等温保持后一般皆为空冷，冷却速度较慢，容易发生奥氏体稳定化，所以对于要求淬火硬度高和形状尺寸精确的冷作模具和量具，应采用如图 6-28 所示的工艺曲线进行分级淬火处理。即将加热奥氏体化后的钢件淬入 Ms 点以下 50～100℃ 热浴中分级等温保持，使过冷奥氏体发生部分马氏体转变，同时钢件在均温时，可消除冷却产生的热应力和马氏体形成产生的组织应力。而后取出进行快冷（在油或水中冷却），以避免发生奥氏体稳定化。这个过程产生的应力较大，应立即进行回火。这种分级淬火也称为变异分级淬火。

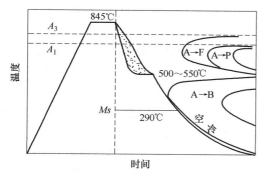

图 6-26　40CrNiMo 钢件的分级淬火工艺曲线

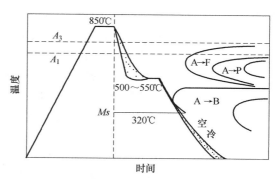

图 6-27　35Cr2Ni2Mo 钢件的分级淬火工艺曲线

（9）钢件的等温分级淬火工艺　许多合金钢过冷奥氏体在贝氏体形成温区是转变不完全的，或者钢件等温淬火中产生了贝氏体，使其硬度、强度达不到技术要求。以上情况下，可以采用等温分级淬火，其工艺曲线如图 6-29 所示。实际上，这是一种分级淬火与等温淬火的复合工艺。即在 Ms 点以上分级保温后（奥氏体状态），再延长保持时间，使部分过冷奥氏体形成贝氏体。由于贝氏体形成时会使待转变奥氏体的碳含量增高（尤其是对 Si 含量较高的钢），因而在随后空冷时，发生马氏体转变的不完全性增大，致使室温下获得下贝氏体+马氏体+残留奥氏体的显微组织。较多的残留奥氏体对某些钢件有利，而且便于钢件的校直、校正。

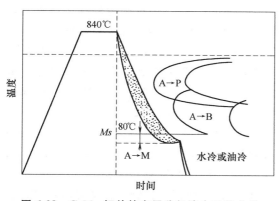

图 6-28　CrMn 钢件的变异分级淬火工艺曲线

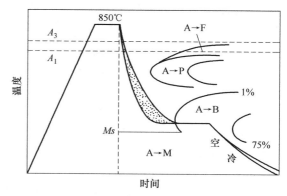

图 6-29　60Si2Mn 钢件的等温分级淬火工艺曲线

采用这种等温分级淬火工艺，应严格控制分级等温的热浴温度和时间。温度高、时间长时，形成的贝氏体数量多，钢件的硬度、强度偏低；温度低、时间短时，形成的贝氏体数量少，不易发挥等温淬火形成贝氏体的优势，致使钢件硬脆性增高，校直、校正时变形回弹量增高。选择合适的等温分级温度和保持时间，可使待转变的过冷奥氏体的 Ms 点降至室温以下的温度，从而可以比较容易地进行冷校直、校正。钢件经这种工艺淬火后，必须进行回火，甚至多次回火，使残留奥氏体转变趋于完全或稳定。

6.4 分级淬火的应用范围

分级淬火与普通淬火相比较，如果工艺和操作得当，在确保与普通淬火具有相同力学性能的前提下，可以避免钢件淬火开裂，减小变形。对于细长的杆状钢件（如丝杠、拉刀等），还可以进行热校直、冷校直，以减小钢件淬火后的变形。

温度较高的钢件在分级热浴中的冷却速度较低，一般皆低于普通淬火常用淬火介质（水或油）的冷却速度。在一定的冷却介质中，钢件从表面到心部各点的冷却速度不同，表面冷却较快，心部冷却较慢。冷却速度与钢件尺寸（厚度）大小有关，尺寸大，除了总的冷却速度降低之外，表面与心部冷却速度差异会加大。因此，为了使淬火钢件的心部也能获得马氏体组织，在淬火介质中，心部的实际冷却速度必须大于用钢的临界淬火速度。也就是说，每一种钢，在一定的淬火介质中淬冷，有一个能使心部完全淬硬的（获得马氏体组织）的最大尺寸（厚度）——临界淬火尺寸。常见工业用钢在不同淬火介质中的临界淬火尺寸见表 6-7。

表 6-7 常见工业用钢在不同淬火介质中的临界淬火尺寸   （单位：mm）

淬火介质	不同牌号的临界淬火尺寸					
	45	30CrNiMo	45Mn	GCr15	5CrMnMo	5CrNiMo
分级淬火（热浴）	2.25	7.25	7.25	12.50	22.00	47.50
普通淬火（油）	7.25	12.50	12.50	19.15	32.25	57.25
普通淬火（水）	10.00	19.75	19.75	32.25	47.50	86.50

从表 6-7 可以看出，分级淬火的临界淬火尺寸较油淬的小，较水淬的更小，因此分级淬火通常用来处理尺寸较小的钢件。如果钢件的尺寸较大，且必须要采用分级淬火，并要求保证获得和普通淬火相同的效果（淬硬层深度和硬度），则所用钢应该较普通淬火用钢含有较多的合金元素和较高的碳含量。分级淬火一般适用于处理 $w(C)>0.4\%$ 的碳素钢和合金钢。

近年来，由于分级淬火工艺使用了冷却能力较强的冷却介质以及在淬火方法上的改进，因而使适宜分级淬火的钢种范围得到了扩大，从碳素钢、低合金钢到合金钢皆可应用。例如，碳素工具钢：T7、T8、T10 和 T12；低合金结构钢：40Cr、40MnB、65Mn、60Si2Mn、35CrMnMo、40CrNiMo；合金渗碳钢：20Cr、20CrMnTi、20CrMnMo、12Cr2Ni4、20Cr2Ni4Mo、20Cr2Ni4W；低合金工具钢：Cr2（GCr15）、CrMn、CrWMn、9SiCr；高合金工具钢：Cr12Mo、Cr12V、W18Cr4V、W6Mo5Cr4V2、3Cr2W8V 以及各种高速钢基体钢。与此同时，所适合处理钢件的范围也有所扩大，包括各种形状复杂、精密的机械零件和工具。

为了保证分级淬火钢件具有很高的力学性能和形状、尺寸精确，钢件在加热冷却时，应该避免发生氧化、脱碳现象，因此最好使用保护气氛炉或盐浴炉加热，盐浴炉或金属浴炉分级冷却。

分级淬火一般适宜于处理各种形状复杂的金属切削刀具（如铣刀、滚刀、钻头、拉刀、丝锥、板牙等）、精密量具（如量块、螺纹环规等）以及工作时受到冲击载荷且要求高耐磨性的工具（如錾子、扳手、钳子以及各种冷热冲模等）。分级淬火更适宜于处理要求变形很小的精密机械零件，如滚动轴承套圈、汽车传动齿轮、销槽轴、花键轴、各种键、精密螺栓、螺母等。同时，它也适宜处理既要求变形小，又要求高弹性的各类弹簧。总之，分级淬火的适用范围极为广泛，从各方面考虑，都可用来代替普通淬火。

然而，与普通淬火相比，分级淬火操作比较烦琐，需要设备较多，占据车间面积较大，热处理成本也较高，特别是热浴介质（熔盐、碱或低熔点金属）会污染环境。所以当钢件使用普通淬火能够满足技术条件时，就不需要采用分级淬火来代替。

第7章　等温热处理使用的冷却介质

由于等温退火和等温正火是在钢的过冷奥氏体的高温珠光体转变温区完成相变的，通常认为其冷却速度无须过大。然而，为了发挥等温热处理的优点：相变是在恒温下进行的且所获得的显微组织和性能均匀一致，所以必须采用相对大的冷却速度，从而避免过冷奥氏体在等温保持前发生分解。对于等温淬火和分级淬火，因要求处理后的钢件具有高的硬度、强度，且在较低温度下发生下贝氏体和马氏体转变，为此在冷却过程中，必须采用较大的冷却速度，避免在等温分级以上温度，过冷奥氏体发生珠光体转变和上贝氏体转变。综上所述，等温热处理必须采用专用的冷却方式和冷却介质。

钢件等温热处理所用的冷却介质，应具有如下几点特性：

1）必须具有足够的冷却能力，使钢的过冷奥氏体在等温保持前不发生分解。

2）介质不应与钢件发生化学腐蚀，即使发生也应容易从钢件表面去除。

3）介质本身应具有较大的稳定性，在长期使用中其性质不发生或很少发生变化。

4）在使用温度范围内，应具有良好的流动性，以便于赤热钢件的热量散失。

5）固体盐类或金属应具有较低的熔点和较高的蒸发温度。在使用过程中，不应损害工作人员健康和造成环境污染。

6）价格低廉，来源广泛，使用安全。

常用钢件等温热处理的冷却介质，主要有如下几类：

1）气体。如加热到等温温度的空气、氮气。这类介质的冷却能力较低，可以通过增大流动速度来改善。

2）油类。如燃点较高的矿物油、植物油及动物油，一般都采用2号高速机械油及汽缸油。这类介质只能在较低温度下使用，而且容易过热失火。

3）熔融金属或合金。一般使用低熔点金属（如Pb、Sn、Sb等）或其合金（如Pb-Bi、Pb-Sb）。这类介质的冷却能力较强，使用温度范围较大，但因Pb和Sb有毒，目前已很少使用。

4）熔融盐类或碱类。高温区采用$NaCl$、KCl、$BaCl_2$、Na_2CO_3组成的混合盐，中、低温区采用$NaNO_3$、KNO_3、$NaNO_2$、KNO_2或KOH、$NaOH$及其混合盐。这类介质对环境有一定污染。

5）热的固体。如不锈钢或Al_2O_3微小球粒，加热至一定温度，热气吹动呈悬浮状，这种介质的冷却能力较强，而且适用的温度范围较大。

等温热处理冷却介质及其使用情况如下。

7.1 等温热处理常用冷却介质的性能

1. 气体

通常认为空气的流动性好、取之不尽、用之不竭且无须购买，然而其冷却能力较低，与常用冷却介质相比，其冷却速度远小于水或油，如图 7-1 所示。但如果强烈搅动，可以使冷却速度增大。这种冷却方法，特别适合于等温退火和等温正火，因为这两种等温处理要求获得的显微组织为先共析铁素体和珠光体，尽管在冷却过程中会析出少量先共析铁素体或产生氧化，但对钢件的性能影响很小。而且，钢件表面发生的氧化，可在后续的切削加工时去除。

对于一些合金度高、过冷奥氏体稳定性大的小尺寸钢件，也可将气体作为等温淬火和分级淬火的冷却介质。为防止表面氧化，可使用氮气。为了提高冷却速度，气冷可在炉外进行。当钢件表面温度冷至等温温度（或稍低的温度）后，再放入等温炉中进行等温转变。

经气体冷却处理的钢件，表面不黏附其他物质，不需专门清理。因为这种介质无污染、成本低，所以值得推广应用。

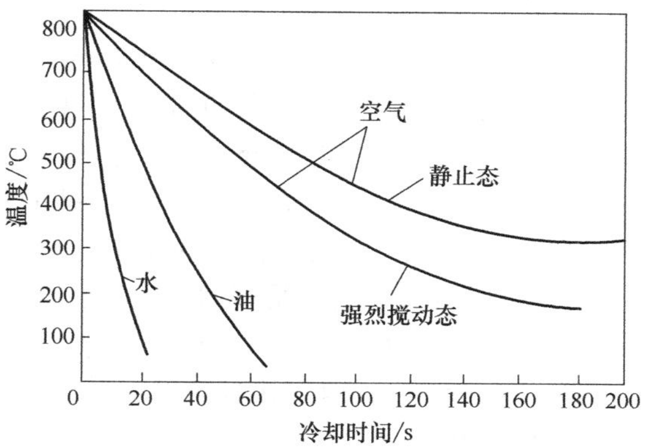

图 7-1 φ20mm 钢件在不同介质中的冷却曲线

2. 油类

油类在加热状态下流动性增大，有利于散热，在 150~200℃ 时的冷却能力与在室温时相近，甚至还更大一些。一般情况下，油的使用温度为 150~250℃，温度过高，会导致蒸发量过大、污染环境、容易着火。所以油的使用温度有限，一般只可作为等温温度较低的分级淬火的冷却介质。

热油的流动性好，且与钢件表面不发生化学反应，即使附着在钢件表面也容易清除。但是，油是一种能源，价格较高，而且在使用过程中消耗量大，并容易变质、污染环境和失火，故没有被广泛应用。

3. 熔融金属或合金

作为等温热处理用的金属或合金介质，要求熔点低、沸点高、密度大、内聚力强，与赤热钢件接触时不发生化学反应，且不黏附钢件。因为熔融金属或合金的传热快、热容量大，所以钢件的冷却速度较大。等温热浴时，其装入量与油或熔融盐类相比，可以少一些。因此，可以使用较小的浴槽。此外，熔融金属或合金的使用温度范围也比较宽（150~600℃）。使用温度高时（335~600℃），一般使用熔铅，熔点为 327℃，沸点为 1430℃；使用温度稍低时（255~400℃），一般使用铅锑合金（87%Pb+13%Sb），熔点为 245℃；使用温度较低（196~350℃）时，一般使用铅锡合金（37%Pb+63%Sn），熔点为 183℃。此外，这类冷却介质处理的钢件，一般不需要清理。

虽然，熔融金属或合金作为等温热处理介质有诸多优点，但这类材料价格较高，特别是 Pb、Bi 蒸气及其氧化物粉尘污染环境，不利于身体健康。目前，除了在特殊情况（如航空钢丝绳钢丝的等温正火）的严格防护措施下使用外，一般已很少使用。

4. 熔融盐类或碱类

1）熔融盐类作为等温热处理的冷却介质，具有较宽的使用温度范围（150~700℃）。其不同的成分配比，可以满足不同钢件的等温退火、等温正火、等温淬火和分级淬火的要求。熔融盐类还具有良好的流动性和较大的冷却能力，因此目前在实际生产中，大多使用熔融盐作为分级淬火和等温淬火的冷却介质。

选择盐类的成分时，应保证无毒、无味，与钢件不发生化学反应，而且熔点较低，以保证在使用温度下具有良好的流动性和较大的冷却能力。硝酸盐和亚硝酸盐的熔点很低，而且可以控制成分的配比，进一步降低混合硝盐的熔点。因此，硝酸盐和亚硝酸盐在实际生产中获得了广泛应用，既可以用来作为温度在 150~250℃ 的分级淬火浴剂，也可作为温度在 200~400℃ 的等温淬火浴剂。

图 7-2 所示为 KNO_3-KNO_2-$NaNO_3$-$NaNO_2$ 四元系的熔化曲线。由图可知，当要求冷却介质的工作温度为 250~350℃ 时，可以选择 KNO_3-$NaNO_2$ 质量比例为 1:1 的混合盐，其熔点略低于 225℃；当要求冷却介质的工作温度为 175~250℃ 时，可以采用 KNO_3-$NaNO_2$ 或 $NaNO_3$-KNO_2 的混合盐（由于前一种混合盐的价格较低，因此使用较广），盐中各成分的比例为 1:1。这种成分的混合盐（在图 7-2 的中心）熔点为 150℃。因此，工作温度在 165~175℃ 时，这种混合盐具有足够的流动性能。试验表明，KNO_3-$NaNO_2$ 质量比例为 1:1 的混合盐的冷却能力，虽然小于水或水溶液（盐水、碱水），但已接近热油和室温油的冷却能力。

2）在使用硝盐作为等温热处理冷却介质时，新盐熔点较低，冷却能力较强。然而，使用一段时间之后，其熔点有所升高，冷却能力变弱，即产生所谓的老化现象。对这种情况，目前虽然没有完全了解其发生的原因，也没有找到重新复原的方法。但在实际生产时，如在使用过程中混入了杂质、发生氧化反应以及硝盐中结晶水被蒸发，都会促进老化现象的发生。因此，为了使硝盐保持较高的冷却能力，除了避免混入杂质之外，可以加入

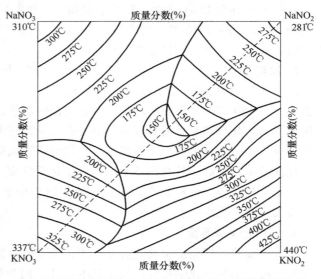

图 7-2　KNO_3-KNO_2-$NaNO_3$-$NaNO_2$ 四元系的熔化曲线

1.5%~3% 的开水。注意：使用一定时间之后，应更换新盐。

在进行等温热处理时，如果钢件的加热是在盐浴（通常皆为氯化盐）炉中进行，将已加热高温的钢件放入熔融硝盐中时，会产生氧化反应，在其表面生成薄薄的氧化皮。这种氧化皮可用喷砂、抛丸等方法去除。

3）使用熔融苛性碱（NaOH、KOH）作为等温处理的冷却介质时，如果钢件在加热时无氧化现象，则在淬火后可以获得银灰色清洁的表面，从而省去清除氧化皮的工序。此外，

熔融苛性碱比熔融硝盐具有更强的冷却能力，从而可扩大等温淬火和分级淬火的应用范围（可用于碳素钢和尺寸较大钢件），也减少了钢件在等温处理后硬度不均和硬度不足等现象的出现。

NaOH 和 KOH 的熔点分别为 328℃ 及 360℃；工业纯 NaOH-KOH 混合碱，当其组成为35%NaOH+65%KOH（质量分数）时，熔点最低，约为 150℃。NaOH-KOH 系的熔化曲线如图 7-3 所示。

苛性碱极易溶解于水，能显著降低熔化的温度，增大冷却能力。图 7-4 所示为 NaOH-KOH-H_2O 系的熔化曲线。图中 NaOH-KOH-H_2O 坐标轴上的数字，不同于一般三元系的表示方法，是含水混合物三个组元的总量之和，大于 100%。这种表示方法，在实际应用中比较方便，可清楚地显示出在无水混合碱中应该加入水的数量。加入水的混合碱，其熔点可低至 120℃，此时 NaOH 约为 15%，KOH 约为 85%，外加约 10%H_2O（质量分数）。

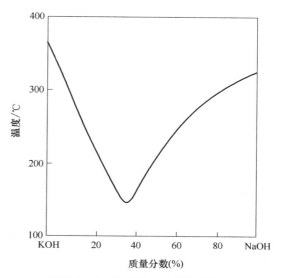

图 7-3　NaOH-KOH 系的熔化曲线

熔融混合碱的冷却能力，随着其中水含量的增加而迅速增大。从几种混合碱的含水量与冷却速度的关系（图 7-5）可以看出，随着冷却介质温度的增高，其冷却速度降低。不同的熔融混合碱，当含水量相同时，其冷却速度则大致相近。因此，熔融苛性碱的冷却能力，并不取决于其熔点，也不取决于 NaOH 与 KOH 的比例，而主要取决于熔融碱保持的温度，特别是其中的含水量。

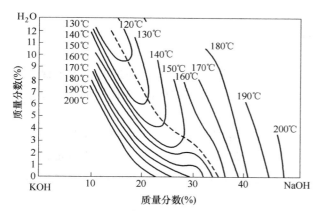

图 7-4　NaOH-KOH-H_2O 系的熔化曲线

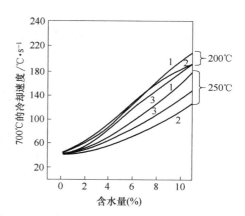

图 7-5　NaOH-KOH 熔融混合碱的冷却能力（ϕ20mm 试样）及 700℃冷却速度与含水量的关系

1—20%NaOH+80%KOH　2—30%NaOH+70%KOH

3—40%NaOH+60%KOH

使用 45 钢制成 $\phi25mm\times50mm$ 的试样，将其加热至 850℃，保温 125min，而后分别在温度为（200±5）℃和（250±5）℃的熔融碱浴中冷却，保持 5min 后取出，在温度为 70~80℃的水中冷却，然后空冷至室温。碱浴介质的成分为 30%NaOH+70%KOH（质量分数），并具有不同的含水量。试样在这种冷却介质中淬火后的硬度和含水量对混合碱熔点的影响如图 7-6 所示。可以看出，含水量对成分相同的混合碱熔点的影响并不显著。然而，随着含水量的增加，冷却速度的增大，导致试样淬火后的硬度显著提高，可达到 44HRC 以上。这种试样在油中淬火时，其硬度一般在 40HRC 以下，从而说明其冷却速度大于油。

需要指出，当混合碱含水量大于 6%~8% 时，赤热钢件淬入碱浴时会发生猛烈沸腾，碱液飞溅，操作变得相当困难。因此，在实际生产中建议混合碱的含水量在 6% 左右，此时混合碱的成分为 20%NaOH+80%KOH（质量分数），熔点在 130℃ 左右。

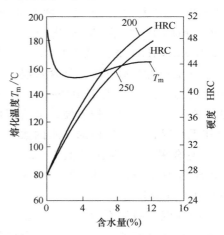

图 7-6 含水量及 45 钢（$\phi25mm$）淬火后硬度对混合碱熔点的影响

还应特别指出，作为等温热处理冷却介质，熔融的硝盐容易着火和飞溅伤人，熔融苛性碱蒸气的腐蚀性很强，不利于健康，也有飞溅伤人的危险，因此在操作时应该注意安全，配戴好防护用具。此外，苛性碱在使用过程中，极易吸收空气中的 CO_2 而生成碳酸盐，或者钢件在氯化盐盐浴炉中进行淬火加热时，熔融碱中淬冷时会带入一些氯化盐，这些都会使熔融碱的熔点升高，冷却能力减弱。因此，这种冷却介质应定时除渣，使用一定时间之后，必须更换新的苛性碱。

如果对等温热处理中等温温度高于 600℃ 的钢件进行热浴等温冷却，可以使用熔点较低的氯化盐或氯化盐与碳酸盐的混合盐。

7.2 等温热处理冷却介质的使用方法

使用熔融盐（碱）和熔融金属（合金）作为冷却介质进行等温热处理时，为了保证热浴具有足够的冷却能力且避免热介质飞溅伤人，对于配制和控制热浴中介质的成分以及使用安全，应给予足够的重视。

1) 使用低熔点金属或合金作为冷却介质时，通常用外热式浴槽来盛装。配制时，应根据浴槽尺寸，计算出所需介质数量。按成分比例称好各种纯金属（或合金）的质量，先将低熔点的金属（或合金）熔化，再加入高熔点的金属（或合金），升高温度，待全部熔化后，调整到使用温度，即可使用。

2) 使用熔融盐或熔融碱作为等温冷却介质时，可以采用外热式浴槽或内热式浴槽盛装。外热式浴槽在配制新浴剂时，先装一种纯盐或纯碱，打碎并烘干（对于工作温度很低、加水的硝盐或苛性碱，可以不必烘干），而后将按比例称好的纯盐或纯碱混合放入浴槽之中。如果此冷却介质需要加水，则在加热之前按比例将水加入。当加热使盐或碱类大部分熔化之后，应该在热浴中搅拌，以使未熔化的部分加速熔化，并使各部分的温度均匀一致，最后将热浴调节到使用温度。当使用内热式电极浴槽时，新盐配好后应该使用特殊的方法将其熔化。一般常用电阻式化盐器化盐，或采用一个辅助电极，使电极短路而产生电弧，熔化固态盐。当两电极之间的盐熔化后，电极间就有电流通过，使盐加热。此时就可以取出化盐器或辅助电极。待盐全部熔化后，可调节到工作所需的温度。

注意：

1）在以上冷却介质的使用过程中，应该尽可能不将杂质带入热浴中。对于需要加水的冷却介质，最好是在室温下加入浴槽。必须在较高温度加入时，则温度不能超过150℃，且应该通过插入浴槽中的铁管将沸水注入槽内，以防热介质溅出伤人，并须用搅拌器搅拌使其混合均匀。

2）在工作时，热浴温度应该准确控制，不宜波动过大。为此，每次钢件的淬入量应根据热浴介质容积而定，淬入后务必保证热浴温度不升高或升高不多（在技术要求范围之内）。下次钢件淬入时，热浴应恢复到所要求温度。产量较大时，会使热浴温度升高过大，此时热浴应装有冷却装置。在没有冷却设备的情况下，可以用冷的废钢件来吸热或加入新盐等方法来降低温度。

3）使用熔融硝盐作为冷却介质时，热浴浴剂不能与含碳物质接触，否则会发生燃烧或爆炸。因此，不能选用石墨或灰铸铁坩埚。

4）熔盐浴槽停止使用时，应注意密封盖严，以防氧化和吸水。再次开炉加热之前，对于不加水的硝盐槽，应用干燥的棉纱或棉布将表层因吸水而呈糊状的硝盐擦去，以免在加热时发生飞溅。盐浴槽在重新加热时，特别是对只在浴槽底部加热的炉子，应该注意其升温速度不宜过快，否则，会因浴槽底部固态盐熔化而上部未熔化，产生体积膨胀引起爆炸。

5）钢件进行等温热处理时的冷却介质温度，主要根据钢件要求达到的性能、显微组织以及用钢的奥氏体等温转变图来确定。一般，等温退火和等温正火的等温温度比较高，等温淬火和分级淬火的等温温度比较低，合金钢分级淬火温度比较高，碳素钢分级淬火温度比较低。钢件等温热处理常用液态冷却介质的成分、熔点及使用温度范围见表7-1。

必须指出，阻碍等温热处理广泛应用的原因之一，是液态等温介质对环境的污染以及冷却能力的不足。因此，研发新的无污染、冷却能力强的等温介质，显得尤为重要。水及水基冷却介质的冷却能力强、无污染且价格低廉，是理想的淬火介质。但其沸点低，不能在100℃以上温度使用。因此对赤热钢件可以先使用水或水基介质冷却到等温温度（用红外温度仪测定）或稍低温度，再置于空气介质炉中等温保持，达到技术要求目的（均温或等温相变）之后，取出在空气中冷却。

表 7-1 钢件等温热处理常用液态冷却介质的成分、熔点及使用温度范围

成 分	熔点/℃	温度/℃
50%$BaCl_2$+30%$CaCl_2$+20%NaCl	435	480~700
50%$BaCl_2$+30%KCl+20%NaCl	480	500~650
$NaNO_3$	317	325~600
KNO_3	327	350~600
$NaNO_2$	281	300~550
55%KNO_3+45%$NaNO_3$	137	155~550
50%KNO_3+50%$NaNO_3$	145	160~500
50%KNO_3+45%$NaNO_2$，另加 5%H_2O	130	150~200

（续）

成　　分	熔点/℃	温度/℃
53%KNO_3+40%$NaNO_2$+7%$NaNO_3$，另加 3%H_2O	100	130~200
NaOH	322	350~550
KOH	360	400~550
35%NaOH+75%KOH	155	170~300
38%KOH+22%NaOH+20%$NaNO_3$+15%$NaNO_2$+5%Na_3PO_4	150	160~300
85%KOH+10%NaOH，另加 5%H_2O	130	150~180
80%KOH+20%NaOH，另加 3%KNO_3+3%$NaNO_2$+6%H_2O	120	140~180

7.3　影响钢件等温热处理热浴中冷却速度的因素

当钢的种类和尺寸一定时，赤热钢件在冷却介质中的冷却速度，取决于冷却介质吸收和散失热量的能力。因此，冷却速度除了与热浴温度有关之外，也与它们的黏度和流动性有关。热浴温度越低，其冷却速度越快；冷却介质的黏度越小，流动性越大，其冷却速度也越大。硝盐和苛性碱的黏度和流动性与热浴温度的关系见表 7-2 和表 7-3。由表可知，随着温度增高，硝盐和苛性碱的流动性增大，黏度降低。因此，钢件等温热处理时，提高熔融盐或熔融碱的温度可以提高其冷却速度。但温度过高，会导致盐或碱大量挥发。这样不仅增加了盐或碱的消耗量，而且其蒸气对操作人员健康不利。同样，使用熔融金属或熔融合金作为冷却介质时，其过热度也不宜过大，否则也会增加金属或合金的蒸发量和氧化速度。

为了保证钢件等温热处理后获得所要求的显微组织和性能，通常都要求冷却介质在较高温度（奥氏体等温转变曲线珠光体"鼻子"部位，约 500~600℃）具有较大的冷却速度。熔融合金和熔融硝盐的冷却特性曲线如图 7-7 和图 7-8 所示。

表 7-2　硝盐的黏度和流动性与热浴温度的关系

热浴温度/℃	$NaNO_3$		KNO_3	
	黏度/Pa·s	流动性/cm·s·g^{-1}	黏度/Pa·s	流动性/cm·s·g^{-1}
390	—	—	0.022	45.5
402	0.188	53.0	—	—
408	—	—	0.0201	49.6
450	—	—	0.0166	60.2
458	0.152	64.5	—	—
491	—	—	0.0142	69.5

表 7-3　苛性碱的黏度和流动性与热浴温度的关系

热浴温度/℃	$NaNO_3$		KNO_3	
	黏度/Pa·s	流动性/cm·s·g^{-1}	黏度/Pa·s	流动性/cm·s·g^{-1}
400	0.028	35.8	0.022	43.5
450	0.022	45.5	0.017	58.8
500	0.016	55.5	0.013	77.0
550	0.015	65.6	0.010	160.5

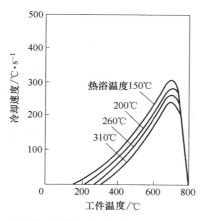

图 7-7 熔融合金（60%Sn+40%Pb）
的冷却特性曲线

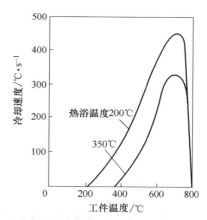

图 7-8 熔融硝盐（55%KNO₃+45%NaNO₂）
的冷却特性曲线

由以上两图可知，冷却介质的冷却速度，随着钢件温度的降低而减小（高于750℃也会减小），以钢件在700~750℃时的冷却速度最大。而且，冷却速度随着热浴温度的升高而减小。例如，直径为6.5mm的试样，加热到850℃并经保温后，再置于450℃的铅槽和（70% NaNO₃+30%KNO₃）的硝盐槽中冷却，其冷却情况如图7-9所示。可以看出，熔盐与熔铅的冷却速度基本相似。试样在介质中运动时，可以提高冷却速度。在熔盐中运动的试样，其最大冷却速度发生在中心温度为790~800℃时，约为72℃/s。试样在熔铅中的最大冷却速度约为58℃/s，中心温度为755℃左右，与此相似，当试样在冷却介质中不运动时，上述差别也同样存在。

如果试样在冷却介质中不运动，而将冷却介质进行搅动，同样可以增大试样的冷却速度。试样在搅动和不搅动的熔盐和熔铅中的冷却情况如图7-10所示。可以看出，搅动冷却

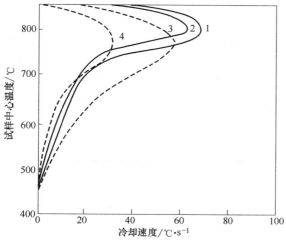

图 7-9 850℃下试样（φ6.5mm）在450℃熔盐和
熔铅中运动或不运动的冷却情况

1—在熔盐中冷却，试样以3m/min速度运动 2—在熔盐中冷却，试样不运动 3—在熔铅中冷却，试样以3m/min速度运动 4—在熔铅中冷却，试样不运动

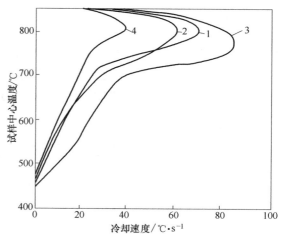

图 7-10 850℃下试样（φ6.5mm）在450℃下搅动
或不搅动的熔盐和熔铅中的冷却情况

1—在搅动的熔盐中冷却 2—在不搅动的熔盐中冷却 3—在搅动的熔铅中冷却 4—在不搅动的熔铅中冷却

介质提高了冷却速度，且在熔铅中的冷却速度提高得比较显著，可达 85℃/s。而当冷却介质不搅动时，冷却速度仅为 38℃/s。

在等温冷却介质成分、温度以及试样与冷却介质相对运动一定的情况下，试样的尺寸（有效厚度）、冷却介质的数量和试样奥氏体化加热温度等因素，对冷却速度都有影响。试样尺寸（散热表面积与体积之比）越大，冷却速度越大，同时淬入试样越多、试样加热温度越高，散入冷却介质中的热量就会增多，冷却速度就越慢。

要使钢件的等温热处理达到预期的效果，必须使其在等温保持之前，过冷奥氏体在冷却过程中不发生分解。这既取决于冷却介质的冷却能力，又取决所用钢中过冷奥氏体的稳定性，两者配合才能保证热处理后的钢件质量。

7.4 钢铁的等温热处理兼行发蓝处理

经过切削、磨削加工的钢件，在热处理后，常常进行发蓝处理，使其表面具有蓝或黑的色彩，以增强钢件表面抗锈蚀能力并兼具美化表面的作用。这种处理，实质上就是使钢件表面形成一层致密的 Fe_3O_4 薄膜。

为了使钢件表面所形成的 Fe_3O_4 薄膜，具有一定的厚度和优良的致密性，应该对光洁表面钢件选用适当的温度范围和合宜的氧化介质进行处理。发蓝处理的温度，一般可以为 20～550℃。在较低的温度发蓝后，钢件表面常呈暗黑色；在较高温度发蓝后，钢件表面呈天蓝色。发蓝液常用 NaOH 和 $NaNO_2$ 混合物的水溶液（低温发蓝），或者熔融的混合硝盐（高温发蓝）。在生产中以低温发蓝处理应用较为广泛。

如前所述，120～550℃是钢件等温热处理常用的温度范围，苛性碱和硝盐的溶液正是钢件等温热处理常用的冷却介质。因此，可以采用发蓝液作为冷却介质来进行等温热处理。如此，既可以获得所要求的力学性能和较小变形，又可以获得抗锈蚀能力和美观的表面。这种方法称为发蓝等温热处理（主要是等温淬火和 Ms 点以下的分级淬火），在我国一些企业中已经应用。国内常使用的发蓝液是在 1000mL 水中加入 NaOH（650g）和 $NaNO_2$（250g）。在配制时，先将适量的 NaOH 打成碎块放入槽内，加入适量的水搅拌溶化，再加入必要数量的 $NaNO_2$，然后重新搅拌，使之溶化。在工作时，将配置好的溶液加热至沸腾状态，其温度应保持在 138～142℃的范围之内（根据钢的成分而定）。常用发蓝液的成分、熔点和使用温度见表 7-4。

表 7-4 常用发蓝液的成分、熔点和使用温度

成　　分	熔点/℃	使用温度/℃
混合物碱（35%NaOH+65%KOH）+$NaNO_3$+$NaNO_2$+H_2O（70：20：5：5）	160	180～280
80%NaOH+20%$NaNO_2$	250	280～550
95%NaOH+5%$NaNO_2$	270	300～550
70%NaOH+20%$NaNO_2$+10%$NaNO_3$	260	280～550

对于碳素钢以及低合金钢件，发蓝等温热处理后与专门发蓝处理后相似，其表面可生成一种黑色、暗黑色或蓝色薄膜。合金钢尤其是高合金钢制件，经发蓝处理后，其表面则生成一种褐色薄膜。这种薄膜具有较强的抗腐蚀能力。图 7-11 所示为 40CrSi 钢件未经发蓝处理、

经专门发蓝处理以及发蓝等温热处理后腐蚀试验的失重情况对比。专门发蓝处理是在淬火、回火后进行。发蓝等温热处理是在等温淬火发蓝液中进行等温保持，而后空冷至室温。试验用腐蚀剂为 5% NaCl 水溶液（质量分数），腐蚀时间为 66h。从图 7-11 中可以看出，发蓝等温热处理后钢件的抗蚀能力远远超过未经发蓝处理的钢件，略低于淬火、回火后进行专门发蓝处理的钢件。

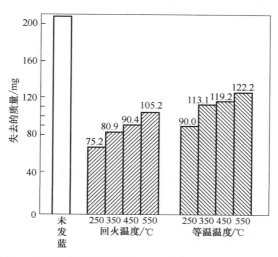

图 7-11　40CrSi 钢件经不同处理后腐蚀试验的失重情况对比

为了使钢件在发蓝等温热处理后能够获得良好的抗蚀性能，应该保证钢件在加热时无氧化现象发生。因此，最好在无氧化炉中加热。钢件在发蓝液中等温保持的时间，对发蓝处理结果也有很大的影响，一般不得少于 15min。

钢件在发蓝液中的氧化过程，首先是形成低价的氧化物（如 Na_2FeO_2），再形成高价的氧化物（如 $Na_2Fe_2O_3$），最后再由 $Na_2Fe_2O_3$ 转化成为磁性氧化铁 Fe_3O_4。

第8章 等温热处理后钢铁的力学性能

钢铁经等温热处理后性能（包括力学性能和工艺性能）的高低，影响着这种处理方法能否在工业上应用。结合等温热处理所获得的显微组织，对钢件等温热处理后的性能研究表明：钢件等温热处理后的性能与等温热处理后的显微组织形态、组成相、晶粒或亚晶粒大小有着密切的关系。

8.1 共析钢等温热处理后的力学性能

图8-1所示为共析钢（质量分数：0.8%C，0.74%Mn）800℃奥氏体化加热后，在不同温度热浴等温转变后室温下的力学性能（图8-1a）和发生的相变情况（图8-1b）。可以看出，无论是珠光体还是贝氏体，都随着等温转变温度的降低，硬度增高，塑性降低。但在较

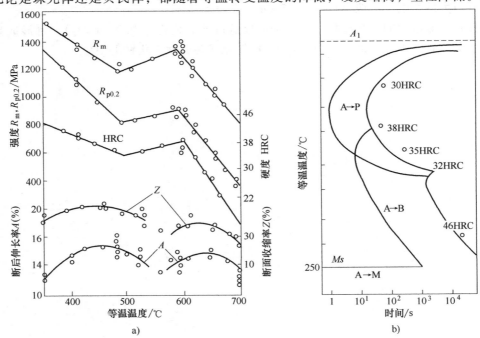

a)   b)

图8-1 共析钢的力学性能和等温处理的显微组织转变情况

小过冷度情况下，形成的珠光体片间距大，渗碳体片较厚；形成的贝氏体中铁素体和断续条状渗碳较粗。钢件承载时会在其边缘产生应力集中，导致拉拔裂纹，故塑性反而比较大过冷度下形成的显微组织低。此外，在珠光体与贝氏体共同转变温区，相同温度下，形成珠光体比形成贝氏体的过冷度大，珠光体片间距比贝氏体小，所以强度、硬度较高。因此，在450~550℃两种组织共存温区，硬度、强度出现转折，塑性出现凹谷。

8.2　结构（合金）钢等温热处理后的力学性能

结构钢件在热处理之后，一般要求具有强度、韧性、塑性俱佳的综合力学性能。通常皆进行调质（淬火-中高温回火）处理。

结构钢件分级淬火与普通连续冷却淬火后所获得的显微组织相同，为马氏体和少量残留奥氏体；力学性能也相似，一般说来，具有较高的硬度、强度和耐磨性能，但韧性、塑性较低，需经回火处理改善。

采用结构钢 45、45Cr、40CrSi 钢制成直径为 17mm 的试样，加热到正常的淬火温度并保温后，淬入 160~180℃ 的 NaOH 与 KOH 混合碱浴中，保持 15min，而后取出空冷至室温。为了便于比较，也用上述试样进行普通淬火（水或油冷），均在 500~600℃ 进行回火。这两种方法热处理后的力学性能见表 8-1。可以看出，两种热处理后试样的力学性能基本相同。

表 8-1　三种结构钢普通淬火回火和分级淬火回火后的力学性能

| 牌号 | 热处理规范 | | | 力学性能 | | | | | |
	淬火加热温度/℃	冷却条件	回火温度/℃	R_m /MPa	$R_{p0.2}$ /MPa	Z （%）	A （%）	KU/J	硬度 HRC
45	860	水淬	550	820	700	60	19	140	23
		热浴	550	800	620	60	20	140	23
45Cr	860	油淬	550	1290	1290	59	14	98	39
		热浴	550	1280	1190	58	14	85	39
40CrSi	900	油淬	550	1400	1350	52	12	64	43
		热浴	550	1390	1300	53	12	66	43

由于表 8-1 所示试样的分级保持温度皆低于其 Ms 点（45 钢的 Ms 点为 320℃，40Cr 钢的 Ms 点为 300℃，40CrSi 钢的 Ms 点为 290℃），故试样冷至热浴温度时，过冷奥氏体已部分转变为马氏体，但仍有大部分过冷奥氏体存在。当试样在热浴中分级保持之后取出空冷时，这部分奥氏体将继续转变为马氏体。如果将在热浴中分级保持之后的试样，立即置于 600℃ 炉中进行等温保持，则不仅有由马氏体到回火马氏体，最后到回火索氏体的转变（是普通淬火和分级淬火之后加热到 600℃ 回火时的转变），而且有部分未转变的过冷奥氏体按等温分解的形式进行转变。

对 45Cr 钢和 40CrSi 钢制试样，分别用普通淬火+600℃回火、分级淬火+600℃回火、分级淬火且分级保持后，立即进行 600℃ 等温保持，其力学性能见表 8-2。可以看出，分级淬火后立即进行 600℃ 等温保持再空冷处理的试样，虽然其硬度和强度稍低，但韧性和塑性较高。

表 8-2　结构钢经不同热处理后的力学性能

牌号	冷却条件	回火条件	力学性能					
			R_m/MPa	$R_{p0.2}$/MPa	Z（%）	A（%）	KU/J	硬度 HRC
45Cr	油淬	600℃回火而后空冷	1193	1100	54.5	14.5	104	38
40CrSi			1245	1197	50.2	12.2	80	39
45Cr	热浴分级淬火后空冷至室温	600℃回火而后空冷	1145	1076	55.5	15	106	36
40CrSi			1247	1179	53.5	15	76	36
45Cr	热浴分级淬火	600℃等温保持后空冷	1083	993	60	16.0	144	33
40CrSi			1120	1070	58	15.7	134	35

　　钢件经等温热处理后的力学性能与过冷奥氏体等温温度有关，与淬火回火后的力学性能有一定差异。45、45Cr 和 40CrSi 钢制试样，经普通淬火回火、分级淬火回火和直接等温热处理的力学性能比较，如图 8-2～图 8-4 所示。可以看出，上述三种钢，在 300～450℃进行等温淬火后的硬度变化不大。对于 45 钢，当等温温度由 300℃升高到 400℃时，硬度由 20HRC 降低到 10HRC。对于 45Cr 钢和 40CrSi 钢，当等温温度由 350℃升高到 450℃时，其硬度分别由 45～46HRC 降低到 30～31HRC、由 39～40HRC 降低到 35～36HRC。然而，等温温度对冲击吸收能量有着较大的影响。45Cr 钢和 40CrSi 钢，开始时随着等温温度升高，冲击吸收能量增大，接着随着等温温度继续升高，其冲击吸收能量下降。但对 45 钢，首先随着等温温度升高，其冲击吸收能量略有所降低，当等温温度继续升高后，其冲击吸收能量又略有所增高。

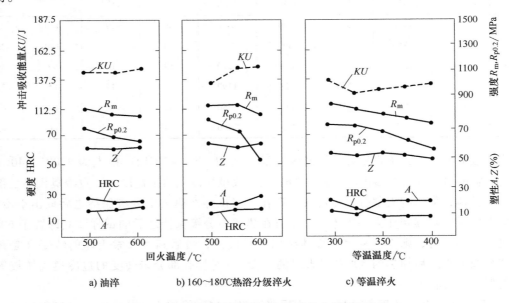

图 8-2　45 钢在不同热处理条件下的力学性能比较

　　根据上述试验结果可知，为了使钢件在等温处理之后具有较高的综合力学性能，有一最佳的等温温度范围可供选择。例如 45 钢，应在 300～325℃的范围之内。与调质处理的试样

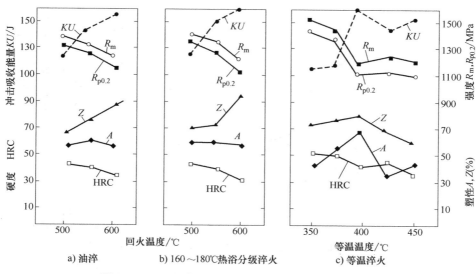

a) 油淬   b) 160～180℃热浴分级淬火   c) 等温淬火

图 8-3　45Cr 钢在不同热处理条件下的力学性能比较

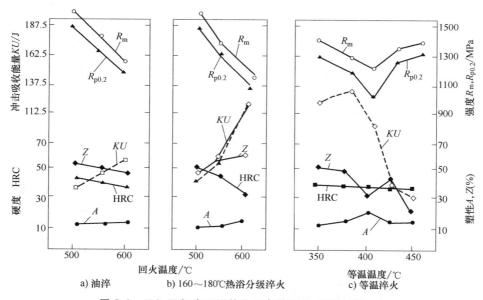

a) 油淬   b) 160～180℃热浴分级淬火   c) 等温淬火

图 8-4　40CrSi 钢在不同热处理条件下的力学性能比较

相比，在此温度范围内等温淬火的试样，在其硬度值相同的情况下，其他力学性能也基本相似。同样，对于其他的结构钢，在适当温度范围内进行等温处理，也可获得良好的结果，可以达到甚至超过调质处理的综合力学性能。

对于等温热处理的常用牌号（如 30CrNi3、40CrNi、30CrMnSi、40CrNiMo 等），其处理后的力学性能如图 8-5～图 8-7 所示。其中 A_R 为等温处理钢中残留奥氏体含量。可以看出，等温温度对力学性能的影响与上述结果相符。在一定的等温温度范围内，其力学性能主要取决于所获得的显微组织，既包括等温保持时过冷奥氏体的转变产物，也包括等温保持后尚未转变的过冷奥氏体在随后冷却至室温时的转变产物。

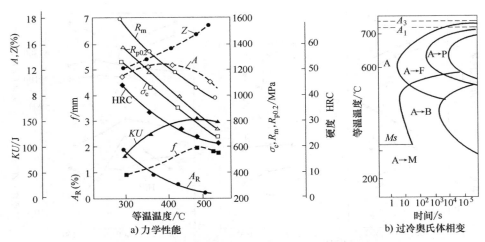

a) 力学性能   b) 过冷奥氏体相变

图 8-5   30CrNi3 钢等温温度对力学性能和过冷奥氏体相变的影响

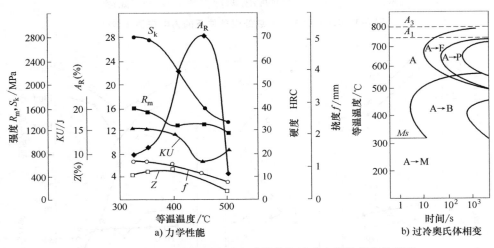

a) 力学性能   b) 过冷奥氏体相变

图 8-6   40CrNi 钢等温温度对力学性能和过冷奥氏体相变的影响

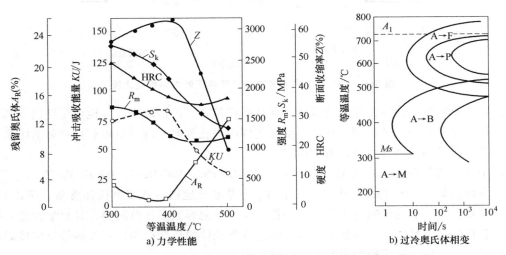

a) 力学性能   b) 过冷奥氏体相变

图 8-7   30CrMnSi 钢等温温度对力学性能和过冷奥氏体相变的影响

从图 8-5~图 8-7 中还可以看出，在较低的温度（低于 Ms 点）等温时会有部分马氏体形成，并随后回火成为回火马氏体；而在较高的温度（珠光体转变产物形成温区）等温时，也有可能形成贝氏体+珠光体（或先共析铁素体、先共析铁素体+珠光体组织）。此外，在较低温度等温保持时，由于过冷奥氏体稳定性增大，若等温保持时间不长，过冷奥氏体可能尚未转变完全，并在随后空冷至室温时转变为马氏体+残留奥氏体。这些非贝氏体组织的性能、数量，都将影响等温处理钢的最终力学性能。

通常，钢的硬度和强度皆随着等温温度的升高而减小。当等温温度升高到珠光体形成的温度范围内时，因珠光体的片间距小于贝氏体条间距，其硬度和强度反而有所升高。

从上述试验结果还可以看出，等温处理后残留奥氏体的含量是影响其力学性能的一个不可忽视的因素。其含量的多少，在等温时间一定（不是很长）的情况下，由钢的过冷奥氏体等温转变图得知。例如，40CrNi 钢因在 450℃时过冷奥氏体稳定性较大，而且等温时贝氏体转变不完全，使待转变奥氏体中碳含量增高，故处理后的残留奥氏体含量最多。30CrMnSi 钢因在 375℃时过冷奥氏体稳定性最小，等温保持后，贝氏体转变得比较完全，故处理后的残留奥氏体含量最少。还应指出，当过冷奥氏体等温保持后转变不完全，空冷至室温时，常常会部分转变为马氏体，最终得到马氏体和残留奥氏体组成的显微组织。它们的含量、分布，必将影响等温处理后钢件的力学性能。因此，在分析等温处理后力学性能时，除了分析贝氏体的类型、组成相、形态、晶粒、亚晶粒大小、贝氏体和铁素体中碳含量以及珠光体产物之外，还应考虑残留奥氏体和马氏体对其产生的影响。

如前所述，只有当等温处理后钢件的强韧性高于淬火回火处理时，该工艺才具有较大的工程应用价值，为此必须了解和对比各类工业用结构钢经等温转变与淬火回火的制件综合力学性能，并找出规律。30CrMnSi 钢试样，经较短时间（15min）等温热处理与淬火回火处理相比，抗拉强度皆为 1400MPa，其力学性能见表 8-3。

表 8-3 30CrMnSi 钢等温热处理与淬火回火处理后的力学性能

力学性能	等温热处理 370℃ + 15min 空冷	淬火-回火-油冷，450℃ +2h 回火	淬火-回火-油冷，500℃ +2h 回火
抗拉强度 R_m/MPa	1385	1395	1230
屈服强度 $R_{p0.2}$/MPa	1095	1305	1147
弹性极限 σ_e/MPa	715	1105	1015
断裂强度 S_k/MPa	2480	2150	2140
扭转屈服极限 τ_s/MPa	1120	70.5	730
挠度 f/mm	0.8	0.45	0.04
断面收缩率 Z(%)	57	51	54

30CrMnSiMo 钢经等温处理与淬火回火处理后的力学性能如图 8-8 所示。结果表明，获得下贝氏体时，与淬火回火马氏体和回火屈氏体相比，具有较小的脆性和较大的裂纹传播功。40CrNiMnMo 钢经等温处理和淬火回火处理后的力学性能见表 8-4。可以看出，在相同硬度下，如果等温处理后的显微组织是上贝氏体，其力学性能不如淬火回火处理；如果等温处理后的显微组织是下贝氏体并经回火，其力学性能与淬火回火处理相似。

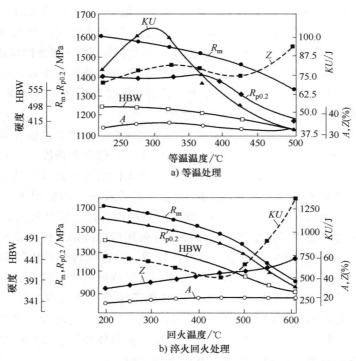

a) 等温处理

b) 淬火回火处理

图 8-8 30CrMnSiMo 钢经等温处理和淬火回火处理后的力学性能

表 8-4 40CrNiMnMo 钢经等温处理与淬火回火处理后的力学性能

热处理工艺	显微组织	R_m/MPa	$R_{p0.2}$/MPa	A(%)	Z(%)
等温处理,45RC	$B_L+B_U+A_R$	1528	950	2	5
等温处理-回火,45~50HRC	B_L 回火产物	1580	1350	9	29
淬火回火,45HRC	$M+A_R$ 回火产物	1550	1440	11	50
等温处理,35HRC	B_U+M+A_R	1300	735	9	12
等温处理-回火,35~39HRC	$B_U+B_L+M+A_R$	1190	970	11	42
等温处理-回火,35~50HRC	B_L 回火产物	1160	1040	12	52
淬火回火,35HRC	$M+A_R$ 回火产物	1130	1100	14	21

必须指出,在硅含量比较高的钢中,由于硅具有抑制碳化物形成的作用,在较低温度(如贝氏体转变、马氏体回火温区)等温,不会形成碳化物,而易于形成无碳化物贝氏体($BF+A_{+C}$)或($M_{-C}+A_{+C}$)。A_{+C} 中的碳含量,随着 BF 或 M 量的增多而增高,稳定性增大,等温处理后残留奥氏体含量增多。以 60Si2Mn 钢为例,在等温保持时间一定(1h),等温温度对相变情况和力学性能的影响如图 8-9 所示。可以看出,在试验温度范围内,等温保持 1h 可以发生贝氏体转变。随着等温温度升高,硬度、强度降低,韧性、塑性提高,其原因除了贝氏体性能变化之外,还与贝氏体形成数量减少、残留奥氏体和马氏体含量增多有关。尤其在 375℃ 以上,形成的是上贝氏体型无碳化物贝氏体,使其硬度和强度继续降低,塑性虽稍有升高,韧性却明显下降。

60Si2Mn 钢奥氏体化加热后,在 270℃ 热浴中等温淬火,与经普通淬火回火处理后的试样的力学性能对比见表 8-5。在 M_s 点附近进行等温处理时,在抗拉强度与普通淬火相同的

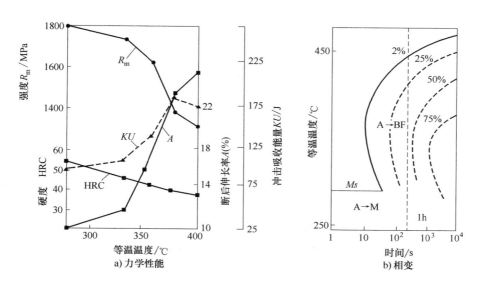

图 8-9　60Si2Mn 钢经等温温度对相变情况和力学性能的影响

情况下，其冲击吸收能量明显提高。如果等温温度比较低，等温时间比较长，形成下贝氏体（BF+A$_{+C}$），其中 A$_{+C}$ 的 Ms 点在 0℃ 左右，室温下可形成超级贝氏体（BF+A$_R$），其强度和韧性将会显著提高。

表 8-5　60Si2Mn 钢经等温淬火与普通淬火回火处理后的力学性能对比

热处理工艺	力学性能				
	R_m/MPa	$R_{p0.2}$/MPa	$A(\%)$	$Z(\%)$	KU/J
850℃油淬，450℃回火	1800	1700	10	42	34
870℃→270℃，20min 空冷	1800	1800	9.6	40.5	90

65Mn 钢经分级淬火低温回火处理后，与普通淬火低温回火处理相比，具有较高的断裂强度（S_k）和相对剪切率（r），力学性能对比见表 8-6。与分级淬火相似，钢经等温淬火处理（不回火）之后，其断裂强度（S_k）和相对剪切率（r），皆优于经普通淬火回火处理。65Mn 钢在 270℃ 等温淬火与经普通淬火回火处理后的力学性能对比，见表 8-7。

70 钢奥氏体化加热后，采用不同冷却速度，在获得珠光体转变产物和硬度相同的情况下，与普通淬火-不同温度回火（调质）处理以及经精确控制的等温正火处理获得细或极细珠光体相比，其强度和塑性如图 8-10 所示。可以看出，当硬度在 225~300HBW 时，调质处理比普通正火（直接连续冷却）处理具有高的屈服强度（$R_{p0.2}$）和塑性（主要是断面收缩率 Z）。但当硬度高于 320HBW 时，两者的力学性能指标都比较接近。如果采用精确控制的等温正火，真正在等温的温度下可以获得细或极细的珠光体，其强度和塑性要高于调质处理。

综上所述，当结构钢的碳含量较高时，进行等温淬火、分级淬火或等温正火可以获得较优异的力学性能，其效果比碳含量较低的结构钢更好。

表 8-6　65Mn 钢经分级淬火与普通淬火（低温回火）后的力学性能对比

热处理工艺规范	压缩试验			扭转试验		
	硬度 HRC	S_k/MPa		硬度（HRC）	−195℃	
		+20℃	−195℃		S_k/MPa	r(%)
分级淬火回火 820 加热, 在 276℃ 热浴中保持 2min, 空冷, 180℃ +1h 回火	—	1780	1800		1820	10
	—	1780	1780		2210	19
	—	2390				
	—	2190				
	—	1930				
	58	1980	1790	56	2020	19
普通淬火回火 820℃ 加热, 10% NaOH 水中淬冷, 180℃ +1h 回火	—	8450	800		355	3.4
	—	7350	380		400	3.4
	—	8450	560		500	4
	59.5	808	610		408	3.6

表 8-7　65Mn 钢经等温淬火及普通淬火回火处理后的力学性能对比

热处理工艺规范	硬度 HRC	扭转试验		
		试验温度/℃	−195℃	
			S_k/MPa	r(%)
等温淬火 800℃ 加热, 270℃ 热浴中保持 1h, 空冷	56	−195	2060	13.5
	55	−195	2000	12.2
	54	−195	2380	15.1
	55	−195	2040	13.8
	55	−195	2120	13.8
普通淬火回火 800℃ 加热, 10% NaOH 水淬冷, 270℃ +1h 回火	—	+20	760	2.4
	—	+20	700	2.7
	—	+20	620	2.4
	55	+20	696	2.5

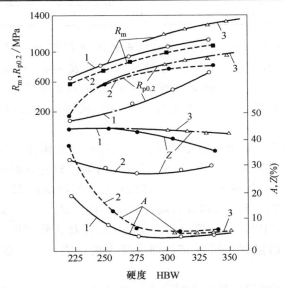

图 8-10　70 钢经普通正火、调质和等温正火的力学性能

1—普通正火　2—调质　3—等温正火

8.3 工具钢等温热处理后的力学性能

工具钢（包括合金工具钢）是用来制造各种刀具、模具、卡具等的钢种。热处理后一般都要求工具钢具有高的硬度、强度和耐磨性，对于模具也要求具有较高的韧性。采用的热处理工艺通常为淬火-低温回火，也可以采用等温热处理。

合金工具钢件分级淬火之后，其硬度与普通淬火相当，或比碳素工具钢稍低 1~2HRC。工具钢件经分级淬火后的力学性能，主要与随后的回火温度有关。几种工具钢经普通淬火回火处理与分级淬火回火后的硬度，分别见表 8-8 和表 8-9。

图 8-11 所示为 9SiCr 钢从 870℃淬入 160℃热浴中分级等温处理时，等温保持时间对力学性能的影响。研究表明，在 Ms 点附近进行等温处理的试样（1 和 2），在热浴中保持时间小于 5min 时（分级淬火），其力学性能比油淬稍有改善。当等温时间增加到 30~60min 时（等温淬火），比普通淬火回火的强度，尤其塑性，有显著增高。强度可提高 50%，塑性可提高 75%。但如果等温保持时间过长（如为 3h），不仅不能提高，还可能使力学性能降低，这可能与长时间等温保持时碳化物发生不均匀聚集有关。

碳素工具钢等温淬火与普通淬火回火相比，在硬度相同时，在弯曲试验中可以承受更大的压力。见表 8-10 中的 T9 钢试验数据。

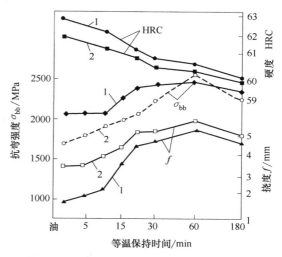

图 8-11　9SiCr 钢从 870℃淬入 160℃热浴中的等温时间对力学性能的影响

总之，工具钢件经等温淬火处理后，与普通淬火回火相比，在不降或稍降低硬度的情况下，可以提高塑性、韧性和强度。

表 8-8　几种工具钢经普通淬火回火后的硬度

牌号	热处理工艺规范			硬度
	淬火加热温度/℃	淬火冷却条件	回火温度/℃	HRC
T8	840	先水后油	160~180	58~60
Cr12Mo	预热 400，加热至 1000	油冷	400~420	58~60
4CrNiW	860	空冷	450	54~56
CrWMn	840~860	油冷	230	60~62

表 8-9　几种工具钢分级淬火回火后的硬度

牌号	热处理工艺规范				硬度
	淬火加热温度/℃	分级温度/℃	淬火冷却条件	回火温度/℃	HRC
T8	840	150	空冷	400	54
Cr12Mo	预热 400，加热至 1000	340	空冷	400	58~60
4CrNiW	860	460	空冷	400	54~56
CrWMn	840	180	空冷	400	60~63

表 8-10 T9 钢经不同热处理工艺对弯曲试验结果的影响（试样厚度为 3mm）

热处理工艺规范	硬度 HRC	弯曲试验	
		试验温度/℃	压力 F/kN
等温淬火 780℃加热，淬入 312℃热浴中保持 10min，空冷	48	20	9
	50	20	16
	48.5	20	12.5
	49	20	12.5
普通淬火回火 780℃加热，淬入 80℃油中，230℃+1h 回火	51.3	20	7.5
	53	20	7.5
	49	20	8.0
	50.5	20	7.6

工具钢中采用等温热处理较多的是合金工具钢。图 8-12 所示为 CrWMn 钢通过改变等温温度或等温保持时间，与普通淬火加不同温度回火的力学性能结果对比。可以看出，在硬度和强度相近的情况下，等温淬火后的 CrWMn 钢具有良好的韧性和塑性。

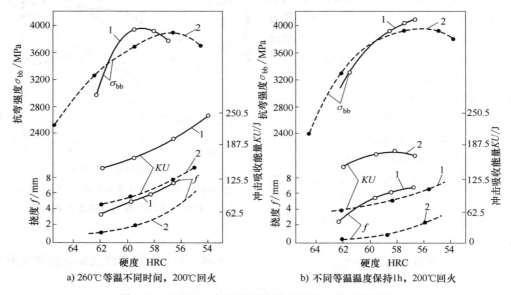

a) 260℃等温不同时间，200℃回火   b) 不同等温温度保持1h，200℃回火

图 8-12 CrWMn 钢两种不同热处理的力学性能对比
1—等温淬火处理 2—普通淬火回火处理

6CrW2Si 钢经等温淬火与普通淬火回火处理后的力学性能对比如图 8-13 所示。可以看出，如果等温转变温度在 250~275℃之间（其 Ms 点在 270℃左右），可获得下贝氏体+少量回火马氏体的显微组织，硬度为 50~56HRC 时，比普通淬火回火处理的综合力学性能高。在相同的硬度下，冲击吸收能量可提高 2 倍。研究表明，这是因为这种钢的下贝氏体具有高的结构强度、低的裂纹敏感性和低的应力集中敏感性。

85Cr 钢经等温淬火和普通淬火回火处理后的力学性能对比如图 8-14 所示，其具有与结构钢相似的规律。试验表明，85Cr 钢经等温淬火处理获得下贝氏体组织，硬度在 38~58HRC 之间。与普通淬火回火相比，在硬度相同的情况下，等温淬火可获得更高的韧性和塑性。在韧性和塑性相同时，等温淬火可提高硬度（强度），硬度可提高 5~8HRC。钢的硬度为 52~57HRC 时，耐磨性提高了 2 倍。

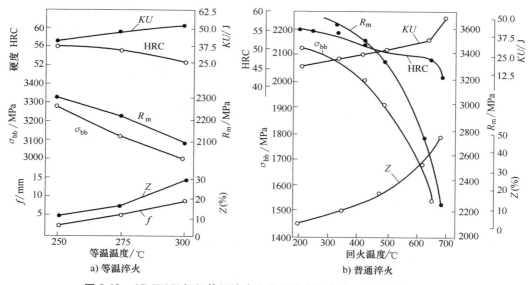

图 8-13 6CrW2Si 钢经等温淬火和普通淬火回火处理的力学性能对比

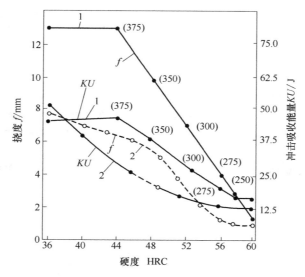

图 8-14 85Cr 钢经等温淬火和普通淬火回火处理后的力学性能对比

1—等温淬火 2—普通淬火回火

注：括号中为等温温度（℃）。

8.4 钢铁的过冷奥氏体等温转变产物的韧性及疲劳特性

韧性是高强度材料的重要力学性能指标。钢件具有足够的韧性，既是使用安全的保证，也是确保使用寿命的需要。等温淬火可获得以高韧性著称的贝氏体组织，这是其在工业中应用的重要原因。然而在某些情况下，贝氏体又具有较大的脆性，出现所谓"贝氏体脆性"。因此，哪些情况下贝氏体强韧，哪些情况下贝氏体会脆弱，这对实施等温淬火工艺具有重要意义，其中的规律应该深入揭示。

对于具有回火脆性的钢材，等温淬火与淬火回火处理相比，如果在回火脆性温度范围内进行回火，当硬度和强度相同时，其冲击吸收能量较高，如图 8-15 ~ 图 8-18 所示。从图中等温淬火工艺的等温温度，结合这些钢的过冷奥氏体等温转变图可以看出，当等温温度低于400℃时，主要获得下贝氏组织，其冲击吸收能量较高，优于淬火回火处理；而当等温温度高于400℃时，转变产物以上贝氏体为主，这时硬度降低的同时，冲击吸收能量也明显降低；

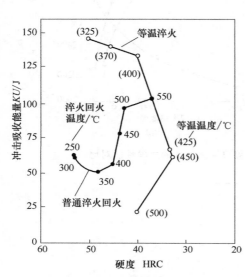

图 8-15　30CrMnSi 钢等温淬火和普通淬火回火
处理后的冲击吸收能量（一）

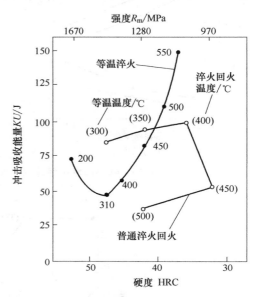

图 8-16　30CrMnSi 钢等温淬火和普通淬火回火
处理后的冲击吸收能量（二）

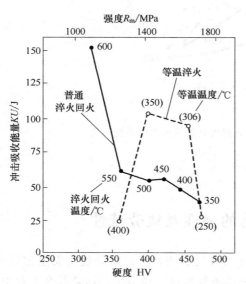

图 8-17　30CrMnSiMo 钢等温淬火和普通淬火回火
处理后的冲击吸收能量

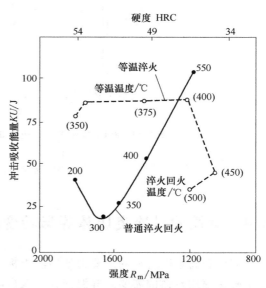

图 8-18　40CrNiMo 钢等温淬火和普通淬火回火
处理后的冲击吸收能量

当等温温度高至 450℃ 时，达到了贝氏体的最大脆弱点；继续增高等温温度，由于有部分极细珠光体形成，虽冲击吸收能量降低，但硬度、强度稍有提升。

对于过冷奥氏体在贝氏体形成温度区稳定的钢材，当等温时间较短时，会有部分奥氏体不发生转变，而在随后的空冷时成为残留奥氏体＋马氏体，这会对钢的强度和韧性发生影响。残留奥氏体的存在，将会降低钢件的硬度和强度，而明显提高韧性。马氏体的存在，将提高硬度和强度，并显著降低韧性。

脆性转化温度是结构零件的重要性能指标之一。中高碳钢的脆性转化温度，随着塑性变形抗力的增高而增高，同时也随着脆断抗力的降低而增高。经等温淬火和经淬火回火处理的试样，前者显微组织中的碳化物形态和弥散度不如后者，所以其脆性转化温度较高。这种现象，尤其是经等温处理获得普通上贝氏体（BF＋断续杆状碳化物）时最为明显。但当等温处理获得的是下贝氏体，特别是超级贝氏体（BF＋A_R）时，才有可能具有较低甚至很低的脆性转化温度。

$w(C)=0.3\%$ 的低合金钢经不同热处理后的低温冲击吸收能量和脆性转化温度见表 8-11。可以看出，这种钢的上贝氏体组织具有较高的脆性转化温度，而下贝氏体再经回火处理后，脆性转化温度较低，接近同硬度的淬火回火处理。

表 8-11　0.3%C 低合金钢经不同热处理后的低温冲击吸收能量和脆性转化温度

热　处　理	显微组织	-18℃冲击吸收能量/J	脆性转化温度/℃
等温淬火，49.5HRC	M'＋B_L	26	-18
淬火回火，49HRC	T'	38	-62
等温淬火回火，40~49HRC	M'＋B_U 回火产物	35	-46
淬火回火，33HRC	S'	73	-112
等温淬火，33HRC	B_U	28	-29
淬火回火，30HRC	S'	86	-157
等温淬火回火，33~49.5HRC	M'＋B_L 回火产物	86	-115

注：M'为回火马氏体，B_L 为下贝氏体，T'为回火屈氏体，B_U 为上贝氏体，S'为回火索氏体。

35CrNiMo 钢的不同显微组织对脆性转化温度的影响，如图 8-19 所示。可以看出，无论是等温处理还是等温-回火处理，在硬度相同时，其脆性转化温度皆稍高于淬火回火处理。而且等温温度越高，形成的贝氏体越粗，其脆性转化温度越高。

如果控制等温淬火时贝氏体的转变量，使处理后获得下贝氏体＋马氏体的混合组织，最后经回火处理。在硬度相同时，马氏体的体积分数对于脆性转化温度有明显影响。50CrNiMnMo 钢的实验结果如图 8-20 所示。可以看出，贝氏体＋马氏体混合组织中，马氏体体积分数越多，其脆性转化温度越低。

36CrNiMo 钢和 38CrNiMoV 钢，经获得下贝氏体和马氏体的等温淬火处理后，再经高温回火，可使其具有中等强度（$R_{p0.2}=850$MPa，29HRC）。在这种情况下，系列冲击试验的结果如图 8-21 所示。可以看出，原始组织为马氏体＋贝氏体的钢件，具有较高的冲击吸收能量和较低的脆性转化温度。

如果钢的碳含量较高、Ms 点较低，经普通淬火后，可能获得针片状孪晶马氏体。在回火脆性温度范围内进行回火时，下贝氏体的脆性转变温度则有可能与淬火回火组织相当或更高。

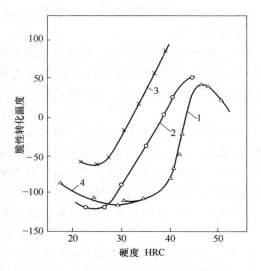

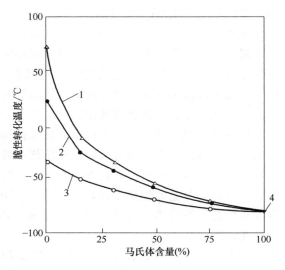

图 8-19 35CrNiMo 钢的贝氏体、马氏体及其回火
产物的硬度和脆性转化温度

1—M（淬火+250℃回火 1h） 2—B（305℃等温 1h+
回火） 3—B（350℃等温 1h+回火）
4—M（淬火+650℃回火 1h）

图 8-20 50CrNiMnMo 钢在不同温度形成的
贝氏体及马氏体含量对脆性转化温度的影响

（回火后硬度为 40HRC）

1—350℃贝氏体 2—300℃贝氏体 3—250℃
贝氏体 4—马氏体

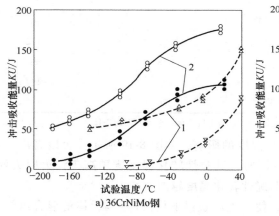

a) 36CrNiMo钢

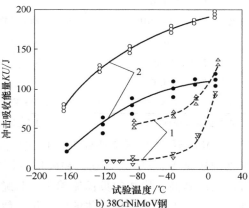

b) 38CrNiMoV钢

图 8-21 36CrNiMo 钢和 38CrNiMoV 钢的系列冲击试验结果

1—贝氏体 2—马氏体

　　6CrSi 钢和 6CrSiV 钢，等温淬火（250℃保持 30~40min）和淬火回火（油淬 250℃-1h
回火）处理后，系列冲击试验结果如图 8-22 所示。可以看出，贝氏体组织的脆性转化温度，
并不比回火马氏体组织高。在-60℃以上，常常具有较高的冲击吸收能量。

　　85CrV 钢和 GCr15 钢，经不同热处理后获得的冲击吸收能量如图 8-23 所示。可以看出，
这两种钢经等温淬火获得的贝氏体的冲击吸收能量高于普通淬火（油冷）获得的马氏体以
及分级淬火获得的马氏体回火产物的冲击吸收能量。

　　40Ni3Co4MoV 钢经等温淬火（获得贝氏体）和淬火回火（获得回火马氏体）处理后，

在抗拉强度（R_m）为 1750MPa 时，系列冲击试验结果如图 8-24 所示。可以看出，由于这种高合金钢的 Ms 点较低，淬火回火后可能获得针片状马氏体，所以其冲击吸收能量低于下贝氏体。

30Cr3MoV 钢经不同温度等温淬火处理后的冲击吸收能量和硬度，如图 8-25 所示。可以看出，在 350~400℃ 等温处理后，贝氏体（B）条变宽，钢的冲击吸收能量急剧降低。这种现象称为"贝氏体脆性"。该现象在其他中碳合金钢（如 40Cr、30Ni3、30CrMnSi、30CrMnNi、MoSi2 等）中都会出现。贝氏体脆性是由上贝氏体条间断续条状碳化物比较粗大，分布不均引起的。在贝氏体脆性形成温度范围内，宏观硬度的增高表明，这种脆性也与过冷奥氏体转变不完全、部分在随后冷却时转变为硬脆马氏体有关。

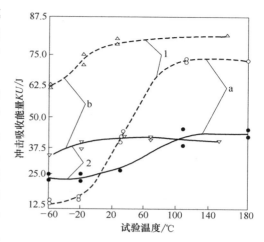

图 8-22　6CrSi 钢和 6CrSiV 钢经等温淬火和淬火回火后的系列冲击试验结果

1—等温淬火　2—淬火回火　a—6CrSi 钢　b—6CrSiV 钢

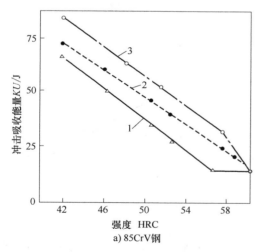

a) 85CrV 钢

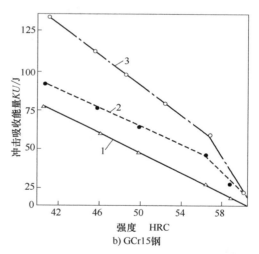

b) GCr15 钢

图 8-23　85CrV 钢和 GCr15 钢经普通淬火、分级淬火以及等温淬火处理后的冲击吸收能量

1—普通淬火　2—分级淬火　3—等温淬火

低碳钢中贝氏体的组织结构形态对脆性转化温度的影响也很明显。例如，12CrNiMnMo 钢在 950℃ 奥氏体化后，通过控制冷却方式获得不同的显微组织，它们对抗拉强度和脆性转化温度的影响如图 8-26 所示。可以看到，针状铁素体（$\vec{F}$，即 BF）及上贝氏体（B_U）的脆性转化温度最高；具有成簇条状铁素体和其中分布着小碳化物的低碳下贝氏体（B_L）的脆性转化温度最低。如果经过回火，各种显微组织的强度会降低，其脆性转化温度也会降低。

低碳合金钢的贝氏体脆性转化温度除了与显微组织的类型有关之外，也与其晶粒大小有密切的关系。12Ni3Mo 钢贝氏体和回火马氏体的晶粒大小对脆性转化温度的影响如图 8-27 所示。可见，晶粒越细小，钢的脆性转化温度越低。当贝氏体晶粒比马氏体晶粒小时，其脆性转化温度也比马氏体低。

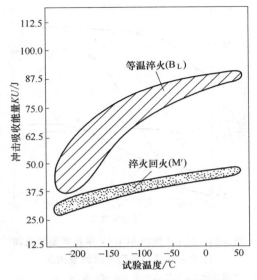

图 8-24　40Ni3Co4MoV 钢经不同热
处理后的系列冲击试验结果

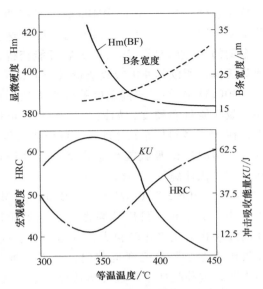

图 8-25　30Cr3MoV 钢的等温温度对
冲击吸收能量和硬度的影响

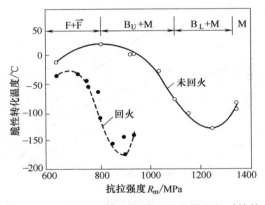

图 8-26　12CrNiMnMo 钢的不同显微组织对抗拉
强度和脆性转化温度的影响

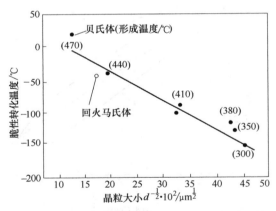

图 8-27　12Ni3Mo 钢贝氏体和回火马氏体的晶粒
大小对脆性转化温度的影响

断裂韧度是高强度钢的一项重要力学性能指标。钢的显微组织形态对断裂韧度的影响，主要是指其中显微裂纹的尺寸、数量及抑制裂纹扩展的能力。贝氏体与板条马氏体的亚结构相似，基本上都是位错型，产生显微裂纹的概率很小。而针片状马氏体是孪晶型，形成时会彼此高速撞击，产生显微裂纹的概率较大。由于贝氏体中碳化物分布的方向性比较明显，与碳化物分布比较均匀的回火板条马氏体相比，裂纹易于扩展，但优于碳化物沿孪晶界分布而脆化的回火针片状马氏体。几种高合金钢的显微组织类型对断裂韧度的影响见表 8-12。

从表 8-12 可以看出，对于不同成分的钢，当强度相同时，如果获得下贝氏体组织，由于亚结构状态相似，断裂韧性 K_{IC} 数值相差不大。如果显微组织为回火马氏体，由于亚结构状态不同，其 K_{IC} 数值相差较大，板条状位错型马氏体比针片状孪晶型马氏体高达一倍左右。下贝氏体 K_{IC} 数值，则在两类马氏体之间，高于针片状马氏体而低于板条状马氏体。

表 8-12　几种高合金钢的显微组织类型对断裂韧度的影响

钢的主要化学成分 （质量分数，%）	强度/MPa		$-196℃$断裂韧度 $K_{IC}/MPa \cdot m^{1/2}$		亚结构类型
	R_m	$R_{p0.2}$	回火马氏体	下贝氏体	
0.24C-8.4Ni-3.9Co	1300	1200	36.2	20.1	基本位错
0.24C-11.3Ni-7.5Co	1340	1240	39.1	26.1	基本位错
0.43C-8.6Ni-4.0Co	1600	1330	15.6	17.9	基本孪晶
0.40C-8.3Ni-7.2Co	1665	1435	11.9	13.4	全部孪晶

　　疲劳抗力是结构材料极为重要的性能，对显微组织形态非常敏感。钢的过冷奥氏体等温转变产物与淬火回火产物具有一定的差异，因此抗疲劳抗力也有不同的特点。

　　40CrNiMo 钢经不同热处理后的恒应力应变疲劳特性曲线如图 8-28 所示。从图中可以看出，在对等温淬火回火试样施加交变载荷时，会出现明显的循环软化现象，会快速发生循环蠕变（这与显微组织中含有较多残留奥氏体有关），但又会迅速稳定。而 845℃ 油淬回火试样产生少许循环蠕变后，即进入缓慢均匀的蠕变阶段。845℃ 油淬试样会有少量铁素体（1%～2%F）析出，回火的试样则比正常淬火的试样有较大的变形和较低的寿命。可见，如果对等温淬火试样先进行预应变处理（应变诱发残留奥氏体相变为马氏体），有可能获得高疲劳稳定性和较长的使用寿命。

　　40CrMnSiMoV 钢经不同热处理后的应变疲劳参数见表 8-13，其疲劳滞后环形状如图 8-29

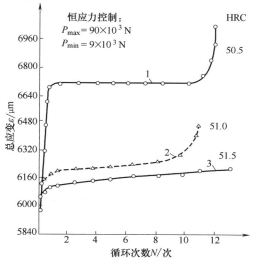

图 8-28　经不同热处理后 40CrNiMo 钢试样（$\phi 10mm \times 80mm$）的恒应力应变疲劳特性曲线

1—845℃→210℃×10h 等温淬火，315℃ 回火
2—845℃ 油淬（约 1%～2%F），320℃ 回火
3—845℃ 油淬，320℃ 回火

所示。在这种钢的应变疲劳过程中，应力值随循环周次的变化而变化。无论应变量大小，淬火回火试样表现出持续的循环软化特性。最强烈的软化过程主要发生在开始阶段的前 10 个循环内，随后软化过程减弱，并持续到最后断裂。相反，300℃ 等温淬火回火和 300℃ 等温淬火相似，在应变疲劳开始阶段，均表现出急剧的循环硬化，特别是经第一次循环后，名义应力值约上升 20～70MPa，随应变量不同而异。这一硬化过程约在总寿命的百分之几以内完成，经短期稳定后，会发生比淬火回火处理时更为缓慢的循环软化，直至断裂前仍保持着比开始时更高的名义应力值。上述循环硬化、软化，直接影响在同一总应变量下的塑性应变分量的大小。图 8-29 表明循环硬化会导致滞后环变窄，而循环软化则会导致滞后环变宽。

表 8-13　40CrMnSiMoV 钢经三种热处理后的应变疲劳参数

热处理	循环强度系数 K'/MPa	循环应变硬化 指数 n'	疲劳强度 系数 σ_f'/MPa	疲劳强度 指数 b	疲劳延性 系数 $\varepsilon_f'(\%)$	疲劳延性 指数 $c(\%)$
淬火回火	3164	0.1258	3350	−0.1113	65.5	−0.8020
300℃ 等温淬火回火	2868	0.1041	3041	−0.0973	34.7	−0.7320
300℃ 等温淬火	2966	0.1085	3112	−0.0996	45.7	−0.7950

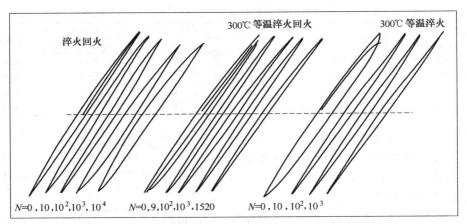

图 8-29　40CrMnSiMoV 钢经不同热处理状态在名义应力为 80%时疲劳滞后环形状的变化

　　30CrNi4V、30CrMnSi 和 30Cr13 三种合金钢，经表 8-14 所列的普通淬火回火和等温淬火工艺处理后的疲劳强度曲线如图 8-30 所示。从图中可以看出，上述三种合金钢经等温淬火之后，在相同的硬度下，其疲劳强度提高了 10%左右。

表 8-14　三种合金钢试样的热处理工艺

牌号	普通热处理		等温热处理		硬度 HRC
	淬火（油）温度/℃	回火温度/℃	加热温度/℃	等温温度/℃	
30CrNi4V	850	380	850	350	40
30CrMnSi	880	400	880	350	44
30Cr13	1050	300	1050	320	48

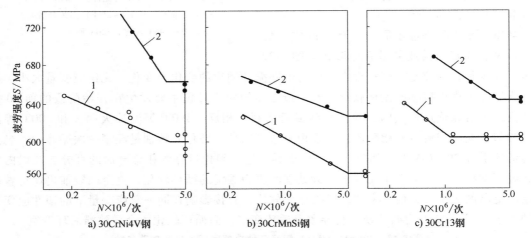

a) 30CrNi4V钢　　　　b) 30CrMnSi钢　　　　c) 30Cr13钢

图 8-30　三种合金钢在相同硬度下经普通淬火回火以及等温淬火处理后的疲劳强度曲线

1—普通淬火回火　2—等温淬火

　　50CrV 钢试样经不同热处理后的疲劳试验结果见表 8-15。可以看出，这种钢等温淬火后的抗疲劳能力与普通淬火回火相差很小。但在等温淬火后，再经回火处理，其抗疲劳能力有了显著提高，充分显示了等温淬火工艺的优势。

表 8-15 50CrV 钢经不同热处理后疲劳试验结果

热处理工艺规范	最大应力 σ_{max}/MPa	疲劳寿命 N_f/次
830℃→360℃等温 10min,水冷	600	$220×10^3$
830℃→360℃等温 30min,水冷	600	$230×10^3$
830℃→360℃等温 30min,水冷,500℃回火	700	$420×10^3$
830℃→油冷,500℃回火	700	$228×10^3$

耐磨性也是钢件的重要性能之一。研究表明,钢的耐磨性与其强度和韧性的乘积或强度和伸长率平方的乘积呈正比关系。如果等温热处理工艺设计得当,与普通淬火回火相比,在得到相近强度情况下,常具有较高的韧性和塑性,所以其耐磨性较强。

30CrNi4V 钢和 30CrMnSi 钢与普通铸铁或高强度铸铁进行相对摩擦的实验表明,等温淬火处理比普通淬火回火处理的耐磨性能增长了一倍左右,如图 8-31 所示。在高碳钢和高碳合金钢中,等温淬火处理比普通淬火处理的耐磨性提高更为明显,特别其抗泥土磨损能力的提高,使等温淬火钢件在农机具制造中获得了广泛的应用。

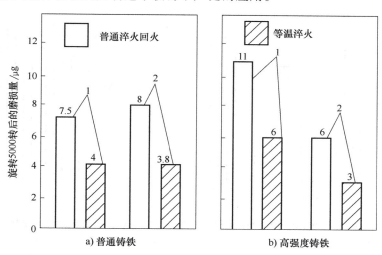

图 8-31 30CrNi4V 钢和 30CrMnSi 钢与普通铸铁或高强度铸铁相对摩擦的磨损情况
1—30CrNi4V 钢 2—30CrMnSi 钢

8.5 钢件改进等温淬火工艺后的高强度和高韧性

如上所述,钢件等温淬火获得的贝氏体组织,不一定都具有高强度和高韧性,有时可能比普通淬火回火处理的性能还低。实际上,等温淬火处理后的强度和韧性受其获得显微组织的组成相、晶粒、亚晶粒大小以及第二相的形态、大小和分布的影响。因此,进一步提高等温淬火的性能,是工业应用方面值得深入研究的课题。

1. 中碳合金钢 Ms 点以下的等温淬火回火处理

30CrMnSiNi2Mo 钢是制造飞机的重要结构用钢,要求具有高强度、高疲劳抗力和韧性,而且要求热处理时有较小的变形,目前工业上常采用等温淬火处理工艺。但是,如果该工艺使用不当,获得的显微组织不良,会导致强度或韧性不足,而出现钢件早期断裂。几种热处理工艺对其力学性能的影响如图 8-32 所示。可以看出，300℃ 等温 20min（Ms 点为 320℃）后，获得约 10% 回火马氏体、下贝氏体以及空冷时形成的少量淬火马氏体和残留奥氏体。由于等温温度较高，BF 中碳过饱和度较低，碳化物弥散度较小，所以强度较低且韧性（冲击吸收能量）不高。采用 230℃ 等温再经 215℃ 回火，只能使等温后空冷时形成的少量马氏体回火，而对下贝氏体、已形成的回火马氏体及残留奥氏体的影响很小。由于残留奥氏体较多，使用时易发生疲劳断裂。故采用 230℃ 等温再经 270℃ 回火，使残留奥氏体转变为下贝氏体，并使等温淬火形成的马氏体、下贝氏体进一步回火，故抗拉强度降低较小，韧性（冲击吸收能量）增大。采用普通淬火−275℃ 回火时，由于这种钢淬火后获得板条状位错马氏体，所以回火后具有较高的强度，但由于冲击吸收能量较低且变形较大，生产中已很少采用。因此，为了使这种钢制零件获得高的强度和韧性，其热处理应在 Ms 点以下、贝氏体形成速度最大的温度下等温，使其形成少量回火板条马氏体并尽可能多地获得细小下贝氏体，空冷后在可使残留奥氏体转变为下贝氏体的下限温度下进行回火。

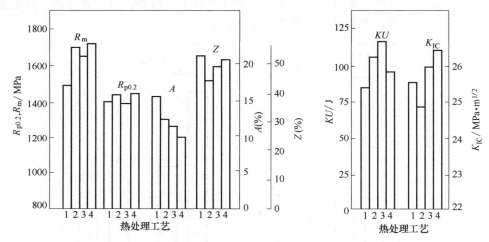

图 8-32　30CrMnSiNi2Mo 钢经不同热处理工艺处理后的力学性能比较
1—900℃→300℃等温 20min，空冷　2—900℃→230℃等温 20min，空冷，215℃回火
3—900℃→230℃等温 60min，空冷，270℃回火　4—900℃油淬，275℃回火

2. 超级贝氏体化

如前所述，对含有在较低温度抑制碳化物析出的元素（如 Si、Co、Al 等）较多的中高碳钢，采用低温长时间等温淬火，可获得超级贝氏体 B_{sup}，即纳米尺寸的（BF+A_R）。其中的 A_R 在室温下具有良好的 TRIP（相变诱发塑性）效应，因而可以使低合金钢获得超高强度和良好的韧性，其显微组织中强度和韧性几乎接近工业用钢最高的状态。几种不同显微组织高强度钢的抗拉强度和伸长率如图 8-33 所示。形变热处理钢，由于高塑性变形后形成马氏体，既细化了马氏体组织，又将形变形成的高密度位错遗传给马氏体，因此其强度很高，但塑性较低。低合金高强度钢，由于其显微组织是 F+P、B 或 B+M，强度较低，塑性不高。高合金 TRIP 钢显微组织为 A 或 A+M，再经高形变加工后，部分奥氏体被应变诱发转变成马氏体，所以强度较高，塑性较大。动态时效应变钢在承受外力时，通过合金中移动的溶质原子和运动的位错发生交互作用，从而提高钢材的强度和疲劳抗力。超级贝氏体钢低温形成的贝氏体强度高、残留奥氏体塑性大，又具有 TRIP 效应，其强度和塑性优异。

形变热处理钢和 TRIP 钢加工处理均需深度塑性变形，使其工业应用受到了限制，且 TRIP 钢合金度高，价格昂贵。因此，超级贝氏体钢作为超高强度、良好韧性的材料，性价比高，加工处理方便，有着广阔的实际应用前景。

3. 强化贝氏体和贝氏体再强化

为了进一步提高贝氏体的强度和韧性，可以采用形变贝氏体处理和贝氏体强化处理。55CrMnSiTiB 钢和 55CrMnSiMoV 钢经不同加工热处理后的力学性能如图 8-34 和图 8-35 所示。可以看出，在等温淬火贝氏体形成之前，进行适度塑性变形，可以使钢的断裂强度、屈服强度、疲劳强度、塑性、韧性、冲击吸收能量都得到明显提高。这与钢的贝氏体晶粒细化、碳

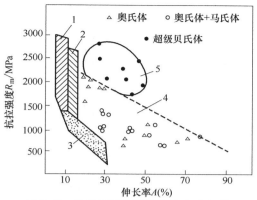

图 8-33 几种不同显微组织高强度钢的
抗拉强度和伸长率
1—形变热处理钢 2—动态应变时效钢 3—低合金
高强度钢 4—高合金 TRIP 钢 5—超级贝氏体钢

化物细小且分布均匀、位错密度增高和含有适量残留奥氏体有关。

35Cr5SiMoV 钢经等温淬火贝氏体化后，再进行塑性变形强化处理后的力学性能如图 8-36 所示。图中 B 为 1010℃奥氏体化→288℃等温 4h 贝氏体化，空冷；LN 为等温淬火后的液氮冷处理；AD 为 1010℃奥氏体化→480℃奥氏体形变 50%加工（贝氏体化之前）；BD 为贝氏体化后，在 288℃进行 10%形变加工；T 为 288℃回火。从图中可以看出，经综合强化处理之后，其强度大幅度提高，但塑性有所降低。

上述试验结果还表明，冷处理可以减少残留奥氏体，贝氏体形成前的奥氏体形变强化可促使碳化物弥散析出，贝氏体形成后的形变强度以及回火使残留奥氏体分解和碳化物弥散析出，都可提高处理后贝氏体强度，而较小影响塑性。这是由于综合强化处理细化了贝氏体晶粒和亚晶粒，提高了碳化物分布的均匀性，增高了位错密度及其与溶质元素交互作用所致。

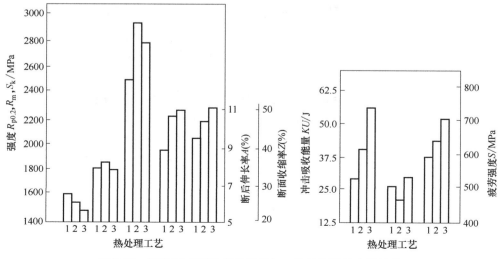

图 8-34 **55CrMnSiTiB 钢经不同加工热处理后的力学性能**
1—860℃油淬，380℃回火 2—860℃→330℃等温淬火 3—950℃→860℃形变→280℃等温淬火

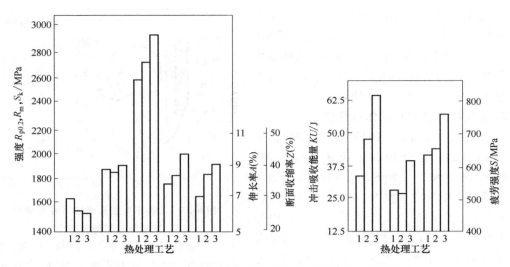

图 8-35　55CrMnSiMoV 钢经不同加工热处理后的力学性能

1—860℃油淬，370℃回火　2—880℃→330℃等温保持，空冷

3—950℃→860℃形变→285℃等温保持，空冷

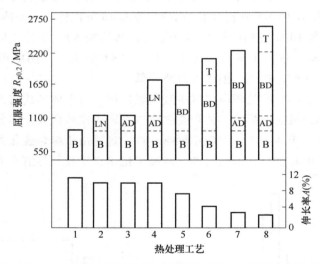

图 8-36　35Cr5SiMoV 钢经不同贝氏体强化处理后的力学性能

1— B　2—B+LN　3—B+AD　4—B+LN+AD　5—B+BD　6—B+BD+T　7—B+AD+BD　8—B+AD+BD+T

参 考 文 献

[1] 李天生. 金属热处理技术现状及趋势研究 [M]. 成都：电子科技大学出版社，2018.

[2] BAG S, PAUL C P, BARUAH M. Next generation materials and processing technologies [M]. Berlin：Springer, 2020.

[3] 刘云旭. 金属热处理原理 [M]. 北京：机械工业出版社，1981.

[4] KRAUSS G. Steels-processing, structure, and performance [M]. Geauga：ASM International, 2005.

[5] 王忠诚. 钢铁热处理基础 [M]. 北京：化学工业出版社，2008.

[6] 马鹏飞，李美兰. 热处理技术 [M]. 北京：化学工业出版社，2009.

[7] 夏立芳. 金属热处理工艺学 [M]. 5 版. 哈尔滨：哈尔滨工业大学出版社，2012.

[8] 刘云旭. 钢的等温热处理 [M]. 北京：机械工业出版社，1966.

[9] 朱启惠，刘澄，刘云旭，等. 合金渗碳钢件锻造余热等温正火原理研究 [J]. 金属热处理，1997（3）：5-8.

[10] 刘澄，王德尊，姚枚，等. 冷却速度对 20Mn2WNbB 低碳贝氏体钢的组织形态及力学性能的影响 [J]. 金属热处理，1998（4）：11-13.

[11] 季长涛，董怀雨，王淮，等. 正火显微组织对汽车齿轮钢加工表面微变形的影响 [J]. 机械工程学报，2008（8）：238-241.

[12] 刘澄，赵毅红，陈荣发，等. 钢中超级贝氏体组织形态与力学性能 [J]. 金属热处理，2013，38（11）：6-8；9.

[13] 于燕，杨海峰，刘云旭. 回火处理对 TRIP 钢点焊接头组织和性能影响 [J]. 材料热处理学报，2014，35（S1）：49-52.

[14] HAN Y, WU H, LIU C, et al. Microstructures and mechanical characteristics of a medium carbon super-bainitic steel after isothermal transformation [J]. Journal of Materials Engineering and Performance, 2014, 23（12）：4230-4236.

[15] 龚文邦，刘金城，向纲玉. 等温淬火球墨铸铁（ADI）理论、生产技术及应用 [M]. 北京：机械工业出版社，2020.

[16] 戚正风. 固态金属中的扩散与相变 [M]. 北京：机械工业出版社，1998.

[17] 钢铁研究总院结构材料研究所，等. 钢的微观组织图像精选 [M]. 北京：冶金工业出版社，2009.

[18] LIU C, ZHAO Z, NORTHWOOD D O, et al. A new empirical formula for the calculation of Ms temperatures in pure iron and super-low carbon alloy steels [J]. Journal of Materials Processing Technology, 2001, 113（1/3）：556-562.

[19] LIU Y, ZHAO Z, NORTHWOOD D O. A new empirical formula for the bainite upper temperature limit of steel [J]. Journal of Materials Science, 2001, 36（20）：5045-5056.

[20] ZHAO Z B, LIU C, NORTHWOOD D O. Transformation behavior of carbon-unsaturated and super-cooled austenite in a high carbon alloy steel [J]. Materials Science Forum, 2003, 469（426/432）：901-906.

[21] SMALLMAN R E, NGAN A H W. Modern physical metallurgy [M]. 8th ed., Oxford：Butterworth-Heinemann, 2014.

[22] CASTRO C F M, HERNÁNDEZ. E I, ROS-YANEZ T, et al. Isothermal phase transformations in a low carbon steel during single and two-step partitioning [J]. Metallurgical and Materials Transactions, 2020, 51（4）：1506-1518.

[23] LIU C, BHOLE S D, NORTHWOOD D O. The effects of ferrite content and morphology on the mechanical properties and room temperature creep of quenched and tempered SAE 4340 steel [J]. JSME International Journal（Series A Solid Mechanics and Material Engineering），2003, 46（3）：272-277.

[24] 周睿，刘澄. 时效时间对 Cr19Mn19Mo2N0.7 奥氏体不锈钢耐磨性能的影响 [J]. 金属热处理，2019，44（8）：122-126.

[25] 刘云旭，朱启惠，刘澄. 珠光体型非调质钢存在的问题及对策 [J]. 金属热处理，1998（7）：13-15.

[26] 刘澄，杨晨，赵振波，等. 多步连续冷却等温正火对 20CrMnTiH 钢锻后显微组织及性能的影响 [J]. 金属热处理，2017，42（8）：93-97.

[27] 徐祖耀. 马氏体相变与马氏体 [M]. 2 版. 北京：科学出版社，1999.

[28] BHADESHIA H K D H, CHRISTIAN J W. Bainite in steels [J]. Metallurgical Transactions（A），1990, 21（3）：767-797.

[29] LIU C, WANG D Z, LIU Y X, et al. Composition design of a new type low-alloy high-strength steel. sciencedirect [J].

Materials & Design, 1997, 18（2）: 53-59.

[30] 刘澄. 新型石油钻井钢丝绳用钢 20Mn2WNbB 的研究 [D]. 哈尔滨: 哈尔滨工业大学, 1998.

[31] 吴化, 刘云旭, 赵宇, 等. 不等截面汽车零件用空冷低合金高强度贝氏体钢的成分设计 [J]. 特殊钢, 2022, 23（21）: 14-16.

[32] ZHAO Z B, GUAN X, WAN C J, et al. A re-examination of the B_0 and B_s temperatures of steel [J]. Materials & Design, 2000, 21（3）: 207-209.

[33] LIU C, ZHAO Z B, BHOLE S D. Lathlike upper bainite in a silicon steel [J]. Materials Science and Engineering（A）, 2006, 434（1）: 289-293.

[34] 贺信莱, 尚成嘉, 杨善武, 等. 高性能低碳贝氏体钢: 成分、工艺、组织、性能与应用 [M]. 北京: 冶金工业出版社, 2008.

[35] 刘云旭, 王淮, 吴化, 等. 实用钢铁合金设计: 合金成分—工艺—组织—性能的相关性 [M]. 北京: 国防工业出版社, 2012.

[36] ZHAO B, ZHAO Z B, HUA G, et al. A new low-carbon microalloyed steel wire in drilling rope [J]. Materials Science & Technology, 2016, 32（7）: 722-727.

[37] CUI X X, NORTHWOOD D O, LIU C. Role of prior martensite in a 2.0 GPa multiple phase steel [J]. Steel Research International, 2018, 89（10）: 1800207.

[38] 王有祈. 热处理工艺与典型案例 [M]. 北京: 化学工业出版社, 2013.

[39] 刘宗昌. 珠光体转变与退火 [M]. 北京: 化学工业出版社, 2007.

[40] DUTTA S, PANDA A K, MITRA A, et al. Microstructural evolution, recovery and recrystallization kinetics of isothermally annealed ultra low carbon steel [J]. Materials Research Express, 2020, 7（1）: 016554.

[41] 范学义, 董允, 张建军, 等. 等温球化退火对 30SiMnCrMoVTi 钢组织和性能的影响 [J]. 材料热处理学报, 2008, 29（4）: 104-108.

[42] FU P, JIANG C H. Residual stress relaxation and micro-structural development of the surface layer of 18CrNiMo7-6 steel after shot peening during isothermal annealing [J]. Materials & Design, 2013, 56: 1034-1038.

[43] 曾骁, 赵吉庆, 甘国友, 等. 等温球化退火对低密度轴承钢组织和硬度的影响 [J]. 金属热处理, 2018, 43（3）: 128-134.

[44] 雷廷权, 傅家骐. 金属热处理工艺方法 500 种 [M]. 北京: 机械工业出版社, 1998.

[45] 刘云旭, 朱启惠. GCr15 钢轴承套圈锻造余热退火新工艺及生产线 [J]. 吉林冶金, 1995（1）: 29-32.

[46] SKOWRONEK A, MORAWIEC M, KOZLOWSKA A, et al. Effect of hot deformation on phase transformation kinetics in isothermally annealed 3Mn-1.6Al steel [J]. Materials, 2020, 13（24）: 5817.

[47] 陈震, 王书惠. 国内外防止白点热处理工艺的发展和鞍钢的现状 [J]. 鞍钢技术, 1990（2）: 8-12; 60.

[48] 刘云旭. 低碳合金钢中带状组织的成因、危害和消除 [J]. 金属热处理, 2000（12）: 1-3.

[49] 刘云旭, 王柏树, 王汇波. 锻件显微组织和力学性能精确控制的工艺及设备 [J]. 金属热处理, 2003, 28（4）: 53-56.

[50] 刘哲, 蔺立元, 史可庆, 等. 20SiMn 轧辊 UT 缺陷原因分析 [J]. 热加工工艺, 2020, 49（6）: 160-162.

[51] 刘云旭, 王淮, 季长涛, 等. 正火: 影响渗碳齿轮热处理畸变的一个重要因素 [J]. 金属热处理, 2005, 30（3）: 46-49.

[52] 刘云旭, 吴化, 王淮, 等. 从渗碳齿轮钢锻坯的正火处理探讨正火标准 [J]. 金属热处理, 2008, 33（3）: 108-111.

[53] 刘云旭, 朱启惠. Cr-Mn 合金渗碳钢锻件正火处理后的显微组织和性能 [J]. 吉林工学院学报（自然科学版）, 1995, 16（3）: 29-35.

[54] 季长涛, 李于朋, 刘云旭, 等. 合金渗碳钢正火时铁素体形态的控制 [J]. 金属热处理, 2008, 33（7）: 62-65.

[55] 刘云旭, 刘澄, 朱启惠. 合金渗碳钢锻件等温正火等温前的冷却速度的研究 [J]. 热加工工艺, 1997（2）: 19-21.

[56] LEE J S, SONG B H, SUNG H G, et al. The effect of isothermal heat treatment on the rolling contact fatigue of carburized low carbon microalloyed steel [J]. Materials Science Forum, 2007, 61（544/545）: 151-154.

［57］ 王会珍，翟月雯，周乐育. 齿轮用 TL-4521 钢的锻后余热等温正火［J］. 金属热处理，2020，45（12）：92-96.

［58］ 朱启惠，刘澄，刘云旭. 合金渗碳钢件锻造余热等温正火生产线工艺设计理论的研究［J］. 吉林工学院学报（自然科学版），1995（1）：8-13.

［59］ 刘云旭，朱启惠，刘澄. 低中碳合金钢等温正火生产线的专家系统内含［J］. 吉林工学院学报（自然科学版），1996，（4）：2-7.

［60］ ZHAO Z B, LIU C, LIU Y X, et al. Isothermal normalizing system by utilizing the residual forged heat in alloy carburizing products［C］. San Diego：EPD Congress 1999, 1999.

［61］ 刘云旭，季长涛，朱启惠，等. 中高碳 F+P 非调质钢的成分设计［C］. 南京：2000 年全国微合金非调质钢学术年会，2000.

［62］ 季长涛，董怀雨，王淮，等. 20CrMoH 钢汽车渗碳齿轮件等温正火前冷却速度的控制研究［J］. 金属热处理，2007，32（7）：65-68.

［63］ 马永杰. 热处理工艺方法 600 种［M］. 北京：化学工业出版社，2008.

［64］ 刘云旭，王淮，朱卫福，等. 锻造余热等温正火装置及其方法：CN102286655A［P］. 2011-12-21.

［65］ 刘云旭，王淮，朱卫福，等. 余热等温正火炉：CN202246747U［P］. 2012-05-30.

［66］ 刘澄，赵振波. 一种精确控制合金渗碳钢零件预处理显微组织的连续热处理方法：CN107739807B［P］. 2019-05-14.

［67］ 陈大名，康沫狂，谭若兵. 超高强度钢准贝氏体的应变疲劳特性［J］. 西北工业大学学报（增刊），190，188-195.

［68］ 刘澄，赵振波. 改变显微组织中网状针状铁素体的合金渗碳钢预处理方法：CN107858492B［P］. 2019-02-15.

［69］ LIU C, WU H, LIU Y X. Mechanical properties of high strength quenched steels with minute amounts of ferrite［J］. Materials & Design, 1998, 19（5/6）：249-252.

［70］ 张宇光，陈银莉，武会宾，等. 等温淬火温度对 C-Si-Mn 系 TRIP 钢组织和力学性能的影响［J］. 钢铁研究学报，2008，20（5）：33-36.

［71］ ZHAO Z B, NORTHWOOD D O, LIU C, et al. A new method for improving the resistance of high strength steel wires to room temperature creep and low cycle fatigue［J］. Journal of Materials Processing Technology, 1999（89/90）：569-573.

［72］ 黄志求. 中碳 CrMnSi 铸钢的等温淬火组织与性能研究［J］. 铸造技术，2007，28（7）：933-936.

［73］ TARIQ F, BALOCH R A. One-step quenching and partitioning heat treatment of medium carbon low alloy steel［J］. Journal of Materials Engineering and Performance, 2014, 23（5）：1726-1739.

［74］ SU Y, MIAO L J, YU X F, et al. Effect of isothermal quenching on microstructure and hardness of GCr15 steel［J］. Journal of Materials Research and Technology, 2021, 15：2820-2827.

［75］ 刘澄，杨晨，崔锡锡，等. 新型等温淬火工艺对球墨铸铁弯曲性能的影响［J］. 材料热处理学报，2016，37（S1）：22-25.

［76］ RAUBYE S H A, BHADESHIA H K D H, PEET M J, et al. Low-temperature transformation to bainite in a medium-carbon steel［J］. International Journal of Materials Research, 2017, 108（2）：89-98.

［77］ 崔锡锡，刘澄. 先形成马氏体对 55Mn2SiCr 钢力学性能的影响［J］. 金属热处理，2018，43（6）：58-63.

［78］ PASHANGEH S, SOMANI M, BANADKOUKI S S G. Microstructural evolution in a high-silicon medium carbon steel following quenching and isothermal holding above and below the Ms temperature［J］. Journal of Materials Research and Technology, 2020, 9（3）：3438-3446.

［79］ 王定祥，孙平，李朝霞. 等温淬火工艺一些实例的探讨［J］. 铸造技术，2021，42（5）：397-401.

［80］ CHEN Y, CUI X X, LIU C. Multiphase matrix structure of unalloyed austempered ductile iron［J］. Materials Science and Technology, 2018, 34（3）：261-267.

［81］ 董克文，王璇，周文韬，等. 一种球墨铸铁制件表面显微组织梯度化及提高耐磨性的新型淬火-配分-等温热处理工艺：CN111763808A［P］. 2020-10-13.

［82］ DONG K W, LU C Y, ZHOU W T, et al. Wear behavior of a multiphase ductile iron produced by quenching and partitioning process［J］. Engineering Failure Analysis, 2021, 123：105290.

［83］ ZHOU W T, NORTHWOOD D O, LIU C. A steel-like unalloyed multiphase ductile iron［J］. Journal of Materials Research and Technology, 2021, 15：3836-3849.

[84] 陈金荣. 亚温分级淬火工艺 [J]. 金属加工（热加工），2015（11）：72-73.

[85] 许天已. 热处理实用技术问答 [M]. 北京：化学工业出版社，2012.

[86] 赵步青. 高速钢刀具盐浴分级淬火工艺 [J]. 热处理技术与装备，2017，38（4）：13-16.

[87] 刘澄，赵振波，赵斌. 一种高寿命压铸模具钢及制造铝镁压铸模的工艺方法：CN103993233B [P]. 2016-08-17.

[88] 张峦，王爱香，李宝奎，等. 渗碳齿轮盐浴分级淬火工艺研究及应用 [J]. 金属热处理，2015，40（3）：173-178.

[89] 孔德武，吕昆，黄群峰，等. 分级淬火过程中42CrMo钢齿轮轮齿组织分布的数值模拟 [J]. 机械工程材料，2018，42（8）：72-77.

[90] SOLEIMANI M, MIRZADEH H, DEHGHANIAN C. Phase transformation mechanism and kinetics during step quenching of st37 low carbon steel [J]. Materials Research Express, 2019, 6（11）：1165f2.

[91] 魏德强，恽志东，刘军. 硅锰对室温油分级等温淬火贝氏体球墨铸铁组织和性能的影响 [J]. 铸造，2008，57（9）：960-962；966.

[92] 于程歆，刘林. 淬火冷却技术及淬火介质 [M]. 沈阳：辽宁科学技术出版社，2010.

[93] 刘澄，赵振波，赵斌，等. 防止渗碳齿轮热处理变形超差的方法：CN104060081B [P]. 2016-09-28.

[94] 吕正风，王春华，张恕爱. 模具材料及热处理 [M]. 北京：高等教育出版社，2017.

[95] 金荣植. 金属热处理工艺方法700种 [M]. 北京：机械工业出版社，2019.

[96] LI X H, SHI L, LIU Y C, et al. Achieving a desirable combination of mechanical properties in HSLA steel through step quenching [J]. Materials Science and Engineering（A），2020，772（C）：138683.

[97] 李书常. 热处理实用淬火介质精选 [M]. 北京：化学工业出版社，2009.

[98] KULIKOV, A I. Medium for isothermal quenching [J]. Metal Science and Heat Treatment, 1991, 32（12）：940-942.

[99] PRANESH R K M, NARAYAN P K. Effect of bath temperature on cooling performance of molten eutectic $NaNO_3$-KNO_3 quench medium for martempering of steels [J]. Metallurgical and Materials Transactions, 2017, 48（10）：4895-4904.

[100] 陈希原，曾国屏. 分级淬火油用于齿轮碳氮共渗的淬火 [J]. 热处理技术与装备，2010，31（6）：18-22.

[101] TERNGU A, TERFA G D. Investigation of jatropha seed oil as austempering quenchant for ductile cast iron [J]. International Journal of Engineering & Technology, 2014, 3（3）：387-390.

[102] CHEN Y, CUI X X, ZHAO Z B, et al. Role of bulky retained austenite in austempered ductile iron [J]. Advanced Materials Research, 2017, 4358：19-22.

[103] ZHUANG W C, JIANG Y M, ZHOU W T, et al. Influence of multi-step austempering temperature on tensile performance of unalloyed ductile iron [J]. Key Engineering Materials, 2019, 803：3-7.

[104] 魏泽民，梁宇，梁益龙，等. 高碳钢中珠光体片层与先共析铁素体对断裂韧性的影响 [J]. 材料热处理学报，2016，37（1）：126-132.

[105] LIU C, LIU Y X, JI C T, et al. Cooling process and mechanical properties design of high carbon hot rolled high strength（HRHS）steels [J]. Materials & Design, 1998, 19（4）：175-177.

[106] 卢军. H13和Cr12MoV模具钢的等温淬火 [J]. 热处理，2020，35（5）：42-45.

[107] OKTAY S, NUNZIO P E D, SESEN M K. Investigation of the effect of isothermal heat treatments on mechanical properties of thermo-mechanically rolled S700MC steel grade [J]. Acta Metallurgica Slovaca, 2020, 26（1）：11-16.

[108] 朱祖昌，杨弋涛，朱闻炜. 第一、二、三代轴承钢及其热处理技术的研究进展：十四 [J]. 热处理技术与装备，2021，42（4）：61-66.

[109] 刘澄，朱启惠. 提高预应力钢丝常温蠕变和低周疲劳抗力的温形变处理研究 [C]. 北京：中国钢结构协会年会，1997.

[110] LIU C, ZHAO Z, NORTHWOOD D O. Effect of heat treatments on room temperature Creep Strain of a High Strength Steel [J]. Key Engineering Materials, 1999, 394（171/174）：403-410.

[111] LIU C, LIU P, ZHAO Z B, et al. Room temperature creep of a high strength steel [J]. Materials & Design, 2001, 22（4）：325-328.

[112] 吴化，梁言，张翠翠，等. 超级贝氏体钢中残留奥氏体的行为 [J]. 金属热处理，2014，39（5）：1-5.

［113］ 刘澄，赵斌，赵振波，等. 碳在超级贝氏体钢中的作用［J］. 金属热处理，2015，40（2），1-7.

［114］ 修文翠，吴化，韩英，等. 等温热处理温度对超级贝氏体组织与性能的影响［J］. 吉林大学学报（工学版），2020，50（2）：520-525.

［115］ LIU C，CUI X X，CHEN Y. Multiphase microstructure in a metastability-assisted medium carbon alloy steel［J］. Journal of Materials Engineering and Performance，2018，27（7）：3239-3247.

［116］ 刘澄，崔锡锡，杨晨，等. 一种中碳合金钢的Q-P热处理工艺：CN106282494B［P］. 2018-12-04.

［117］ 刘澄，王璇，鲁聪颖，等. 一种可获得Si系超高强碟簧的淬火-配分-等温淬火的热处理新方法：CN111676362B［P］. 2021-10-12.